U0343924

养花那点事儿

图解庭院花木修剪技巧

图解だからわかりやすい花木・庭木剪定のコツ

日本主妇之友社 编

谢鹰 译

机械工业出版社
CHINA MACHINE PRESS

図解だからわかりやすい花木・庭木剪定のコツ

© SHUFUNOTOMO CO., LTD. 2017

Originally published in Japan by Shufunotomo Co., Ltd Translation rights arranged with Shufunotomo Co., Ltd. Through Shanghai To-Asia Culture Co., Ltd.

本书由主妇の友社授权机械工业出版社在中国大陆地区（不包括香港、澳门特别行政区及台湾地区）出版与发行。未经许可之出口，视为违反著作权法，将受法律之制裁。

北京市版权局著作权合同登记　图字：01-2020-1880号。

图书在版编目（CIP）数据

图解庭院花木修剪技巧 /日本主妇之友社编；谢鹰译. — 北京：
机械工业出版社，2022.1
（养花那点事儿）
ISBN 978-7-111-69426-7

Ⅰ. ①图… Ⅱ. ①日… ②谢… Ⅲ.①园艺作物–修剪–图解 Ⅳ. ①S605–64

中国版本图书馆CIP数据核字（2021）第213103号

机械工业出版社（北京市百万庄大街22号　邮政编码100037）
策划编辑：于翠翠　　责任编辑：于翠翠
责任校对：李亚娟　　责任印制：邰敏
北京瑞禾彩色印刷有限公司印刷

2022年1月第1版第1次印刷
187mm×260mm・10印张・2插页・222千字
标准书号：ISBN 978-7-111-69426-7
定价：79.80元

电话服务　　　　　　　　网络服务
客服电话：010-88361066　机　工　官　网：www.cmpbook.com
　　　　　010-88379833　机　工　官　博：weibo.com/cmp1952
　　　　　010-68326294　金　书　网：www.golden-book.com
封底无防伪标均为盗版　　机工教育服务网：www.cmpedu.com

重瓣栎叶绣球"雪花"

序　言

　　在庭院里种植各种树木，固然赏心悦目，打理的方法却复杂难懂。尤其对新手来说，最纠结的便是"什么时候修剪，修剪哪里"。即使告诉他们"只要剪掉过长的枝条和混杂的枝条即可"，也有不少人缩手缩脚的。然而平时不好好打理，树木就开不出美丽的花朵，不能拥有好看的造型。希望您千万别忘了为庭院中的树木进行修剪。

　　本书详细解说了不同树木的修剪步骤。内附全年管理月历，希望能对您有所助益。

目　录

皱皮木瓜"东洋锦"

序　言

让植株开花结果，为其修整外形
100 种花木的修剪技巧

■ 花　树

■ 果　树

封面、封面设计 / 川尻裕美（Erg）

编辑协助 / 高柳良夫　CDC

排版 / 编辑社　CDC

摄影 / 船越亮二　Arsphoto 企划

插图 / 群境介

提升栽培本领的小窍门

管理庭院树的基础知识

为庭院增添季节色彩
花树

对庭院而言，花树必不可少，这句话一点也不夸张。单是种上几棵花树，就能让庭院熠熠生辉。巧妙搭配好花期不同的树木，便能营造出季节感。

皱皮木瓜　花期 1—4 月（P48）
原产地为我国，品种繁多，主要种植在花盆里欣赏。花色丰富，有鲜红色、白色、红白相间等颜色。

蜡瓣花　花期 3—4 月（P69）
早春时期，一串串淡黄色的花朵下垂开放。类似的少花蜡瓣花为小型花树，长有许多细枝。

唐梅

梅　花期 2—3 月（P22）
与樱花同为日本的代表性花树之一。自古以来就广受人们的喜爱，用途多种多样，可赏花闻香、品尝果实等。

瑞香　花期 3—4 月（P66）
香气宜人的花树。普通品种的花朵呈紫红色，但也有白花的瑞香、斑叶的瑞香等品种。

结香　花期 3—4 月（P73）

作为和纸的原料而广为人知。花色一般呈黄色，也有红色的品种。花朵在枝梢聚集，呈蜂巢状盛开。

山茶"唐锦"

山茶　花期 11 月至次年 4 月（P38）

日本的代表性花树之一。品种多不胜数，作为插花花材也颇受欢迎。

山茱萸　花期 3—4 月（P64）

春季的代表性花树。别名春金。秋季的成熟果实呈美丽的红色，因此也被称为秋珊瑚。

木兰　花期 3—6 月（P56）

木兰属品种丰富，有玉兰、日本辛夷、紫玉兰、天女花、日本厚朴等品种。

紫玉兰变种

星花木兰

藤本月季"萨拉班德（Sarabande）"

藤本月季"龙沙宝石
（Pierre de Ronsard）"

月季　花期 5—10 月（P46）
人气超高的花树。古典月季、英国月季等
最近特别受欢迎。

红花七叶树　花期 5 月（P72）
为欧洲七叶树与北美红花七叶树的杂交种。枝梢会开
出许多朱红色的小花。

麻叶绣线菊　花期 5—7 月（P62）
纯白色的绒球状花序开满枝条。植株强健、好养，适
合小型庭院。

绣球花"安娜贝尔（Annabelle）"

绣球花　花期 6—8 月（P20）
为初夏增色的代表性花树。长势旺盛，在任何地区都能栽培。

大花四照花 花期 4—5 月（P42）

近几年的热门花树。看起来像花瓣的其实是苞片，秋季会结出小小的红色果实。

大花四照花"切罗基酋长（Cherokee Chief）"

栀子花 花期 6—7 月（P61）

和桂花一样属于香味浓郁的花树。据称橘红色的果实可以食用也可以药用，还可以作染料用。果实为花朵稀少的冬季庭院增添了几分色彩。

重瓣栀子花

牡丹
花期 4—5 月（P50）

华美优雅的外形使牡丹堪称花中王者。

牡丹"八重樱"

日本四照花 花期 4—5 月（P42）

很像大花四照花，不同之处在于其特征——苞片的末端是尖的。

杜鹃花 花期 4—6 月（P32）

欧洲改良过的品种，我们也称之为西洋杜鹃。

9

胡枝子 花期 7—9 月（P70） 日本胡枝子

日本的秋之七草之一。许多品种都自生于日本国
内，并且只要有阳光，在哪儿都能茁壮成长。

紫薇 花期 7—10 月（P30）

能够在少花的夏季开花，枝皮富有光泽，呈红棕色，
冬季的落叶也别有一番风情。

木槿 花期 7 月中旬至 10 月（P54）

能从少花的夏季一直开到初秋，因此木槿常
被当作庭院树和树篱。强健又好养。

柽柳 花期 5 月、8 月（P60）

淡红紫色的小花在枝梢一串串地开放。柽柳喜欢水，
是为数不多适合湿地种植的花树。

丹桂　花期 9—10 月（P26）

香气宜人的花树。木樨属的其他品种有淡黄色的
金桂、白花的木樨等。

夹竹桃　花期 7—9 月（P59）

"迎夏而上"，在盛夏开花，长势旺盛，容易种植。
适合种在温暖地区日照条件好的、较为宽敞的庭院里。

夏椿　花期 6—8 月（P40）

美丽的五瓣白花开在新枝的叶腋处。在山茶科
植物中属于罕见的落叶性品种，是近期的热门
花树。

欧丁香　花期 4—5 月（P75）

适合种在日本北海道等寒冷地区，在东京附近
也能生长。有许多园艺品种，花色也丰富多彩。

欣赏方式因季节而异

果树

以花草为主的庭院鲜艳有趣,倘若再加上果树,那园艺的乐趣也将成倍增加。有些树木既能欣赏花朵,果实也能生吃。不仅如此,它们还能在少花的晚秋至冬季点缀庭院。

木瓜 果实成熟期 10—11 月(P78)
能够结出椭圆形的黄色大果。果实除了可以酿果酒,还能用糖腌着吃或做成果汁等。

火棘 果实成熟期 11 月至次年 1 月(P88)
有窄叶火棘和欧亚火棘。后者能结出大果实,人们通常种的是这个品种。

日本南五味子 果实成熟期 10—12 月(P87)
藤本植物,可令其攀缘在栅栏、花架上欣赏。

石榴 果实成熟期 9—10 月(P84)
分为结果的果石榴和花朵美丽的花石榴。花朵呈橙红色,果实在秋季成熟后绽开,露出种子。

南天竹　果实成熟期 11 月至次年 1 月（P86）

绿叶与红果子相映成趣，它的日文名有"时来运转"
之意，因此常被当作吉祥树来栽培。

译注：南天竹的日文名"ナンテン"与日文中的"时来运转（難
を転ずる）"读音有相通之处。

西南卫矛　果实成熟期 9—11 月（P89）

秋季果实会裂成四瓣，露出红色的种子，富于野趣。另有深红
色蒴果的红果西南卫矛、米黄色蒴果的白果西南卫矛。

草珊瑚　果实成熟期 11 月至次年 1 月（P85）

从古至今，草珊瑚一直被当作吉祥树来栽培。近
期黄果草珊瑚很常见，其成熟的果实呈黄色。

木半夏变种

胡颓子　果实成熟期 6—7 月（P80）

色泽鲜艳的红色果实可以食用。胡颓子属有木半
夏、牛奶子、胡颓子等品种。

落霜红　果实成熟期 11 月至次年 1 月（P82）

落叶后会结出大量红色果实，作为庭院观赏树，
一直颇受欢迎。也有结白色果实的品种。

在花架和栅栏上绽放花朵

藤本植物

铁线莲和藤本月季等藤本植物，
在园艺中不可或缺。让这些植物
攀缘在花架、栅栏、拱门、凉亭上，
能够使庭院显得更为立体。也可
将它们种在容器或悬挂式花盆里。

凌霄　花期 7—8 月（P99）

出梅后，少数在盛夏时分盛开的花树。下垂的枝梢上会开出喇
叭状的花朵。

铁线莲　花期 5—9 月（P94）

近期，强健且花量多的绣球藤组铁线莲挺受欢迎。

绣球藤 "威尔逊（Wilsonii）"

长瓣铁线莲

贯月忍冬

贯月忍冬的白色花朵

贯月忍冬　花期 5—10 月（P98）

在温暖地区很少落叶，10 月前能接连
开放黄红色的筒状花朵。

紫藤　花期 4—6 月（P96）

日本固有的植物，从古至今广受人们的喜爱。蓝
紫色花成片开放的样子格外壮观。

日本野木瓜　果实成熟期 9—11 月（P92）

同属于木通科，木通属于落叶性的藤本植物，果实
在秋季成熟后裂开；而日本野木瓜属于常绿性的藤
本植物，果实不会裂开。

白花品种

日本野木瓜的花朵

最适合日式庭院和
作为树篱的植物

常绿树

或许是因为日式住宅越来越少了，种植松树等常绿树的人也变少了。不过，全年绿叶常在的常绿树对庭院来说不可或缺。针叶树就非常适合西式住宅。

三裂树参（P126）

叶片形似蓑衣。耐阴性强，常被种在房屋北侧等位置。

八角金盘（P131）

耐阴性超强的庭院树。手掌状的大叶片很受欢迎，常被当作庭院观赏树。

黑松（P118）

日式庭院中必不可少的树木。除此之外，种植率高的还有红棕色树干的美丽赤松、针叶五根一束的日本五针松等树木。

柊树（P130）

人们习惯把它当作吉祥树种在大门或是玄关旁边。与之长
得相似的枸骨和欧洲枸骨属于其他科。

倭竹（P114）

竹类、赤竹类（ササ）植物种类繁多，种植率也高。
倭竹（オカメザサ）的日文名虽然包含了赤竹（ササ），
但其实它是竹类植物。

译注：在日本将竹子分为竹类和赤竹类。通常竹类长得高，赤竹
类长得较为矮小；竹类的叶脉呈网格状，赤竹类的叶脉是平行的；
竹类在生长过程中会脱皮，赤竹类在枯萎前都不会脱皮。赤竹属
品种占据了赤竹类的大多数。

东北红豆杉（P106）

东北红豆杉多种植在寒冷地区，常被当作树篱。矮紫杉是
东北红豆杉的变种。

小叶青冈（P112）

作为庭院观赏树，同科的还有尖叶槠、
可食柯、青冈、乌冈栎等。

厚皮香（P124）

代表性的观叶树，能欣赏到光滑美丽的
饱满叶片和树形。具有耐阴性，但适合
种在日照条件好、排水性强的地方。

感受自然风情
落叶树

日本紫茎、野茉莉等冬季落叶的落叶树，常被用来装扮小院或打造自然风格的庭院。打扫落叶很麻烦，必须注意种植地点——这些的确是种植落叶树的难点，但它既适合西式住宅也适合日式住宅。

欧洲水青冈　红叶期 10—11 月（P105）

最近，越来越多的人开始种植紫红色叶片的品种。水青冈的特征是秋季黄叶很漂亮，冬季则枯叶挂枝头。

野茉莉　花期 5—6 月（P102）

大量生长在平原的杂木林里。5 月会开满可爱的白色花朵，最近人气很旺。

野漆　红叶期 10—11 月（P104）

秋季的红叶格外美丽。因为比较接近漆树，有的人接触后可能会过敏，需要注意。

槭树类　红叶期 10—11 月（P100）

我们十分熟悉的树木，种类极多，其中一些品种俗称枫树。古往今来枫叶一直受人喜爱。

让 植 株 开 花 结 果 ， 为 其 修 整 外 形

100 种花木的
修剪技巧

本部分列举了约 100 种代表性花木，用一目了然的插图来讲解栽培与修剪的技巧。月历上的花期、修剪时期、种植时间等会因地区和年份而不同，因此仅供参考。

当同时讲解两种以上的品种时，统一用一份月历来表示，时期有差异的情况会分别注明。此外，标题旁边的花期等，数据均来自主要的品种。

花树

虎耳草科 ●落叶阔叶灌木 ●花期 6—8 月

绣球花

月	1	2	3	4	5	6	7	8	9	10	11	12
花　　期						▬	▬	▬				
花芽形成									▬	▬		
修　　剪	▬	▬	▬					▬	▬			
种　　植			▬	▬					▬	▬		

绣球花可谓是点缀初夏的代表性花树，"梅雨期的花"几乎就是它的代名词。它长势旺盛，在哪儿都能栽培，即使放任不管，也能长得挺拔有形。

被称为"西洋绣球花"的，是经过欧美地区改良的品种，其特征是花量多，花形大，花色稳定，可进行促成栽培等。

●栽培要点

最好种在日照条件好、排水性强、富含腐殖质、冬季能抵御寒风的肥沃土地。

种植的适宜时期为 3 月至 4 月上旬及 9—10 月，日本关东以北的地区适宜在春季种植。

种植完成后，铺上泥炭藓、腐叶土、稻草等物能有效防止根部周围干燥。

每隔 3~4 个月施一次肥，将油粕和颗粒状化成复合肥料等量混合后，往植株基部撒两三把即可。

不会发生什么明显的病虫害。

●开花习性

绣球花一般在新枝的顶部开花。当年生枝条、当年花枝顶部的侧芽会在 9 月上旬至 10 月上旬发出花芽。然而在遇到强烈的寒潮时，花芽有可能枯死。

●修剪技巧

在开花初期进行短截⊖，对次年的开花影响不大，等花期完全过去后再修剪就为时已晚了。要想让树冠整齐，得每隔 3~4 年进行一次花后修剪，整理枝条，让植株休息一年，不开花。但如果种在日照条件好的地方，即使不做打理，树形也依然整齐。

⊖ 剪去一年生枝条一部分的修剪方法。

20

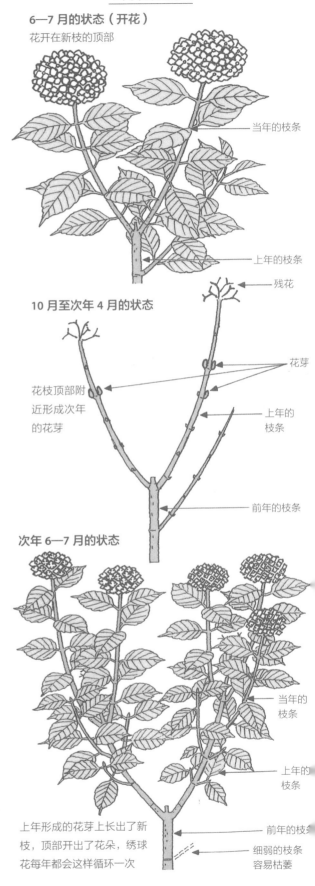

●开花方式●

6—7 月的状态（开花）
花开在新枝的顶部

当年的枝条

上年的枝条

残花

10 月至次年 4 月的状态

花芽

花枝顶部附近形成次年的花芽

上年的枝条

前年的枝条

次年 6—7 月的状态

当年的枝条

上年的枝条

上年形成的花芽上长出了新枝，顶部开出了花朵，绣球花每年都会这样循环一次

前年的枝条

细弱的枝条容易枯萎

●树　形●　　　　　　　　　　　　　　●修剪方法●

理想的树形（开花时）
种植在上午日照充足、避风环境下的植株

残花

上方的2、3个节处会形成花芽，若在花后及时剪掉一半长度，顶部的芽便会变成花芽（尽早修剪最为关键）

剪掉

变成花芽

修剪

叶芽

放任不管

枝条少、只顾长个儿的树形

残花

这里会形成花芽，如果花后剪迟了，这些芽就会被剪掉了

花芽

叶芽

留下了没有花芽的部分

在密植地或背阴处，树形就会变成这样

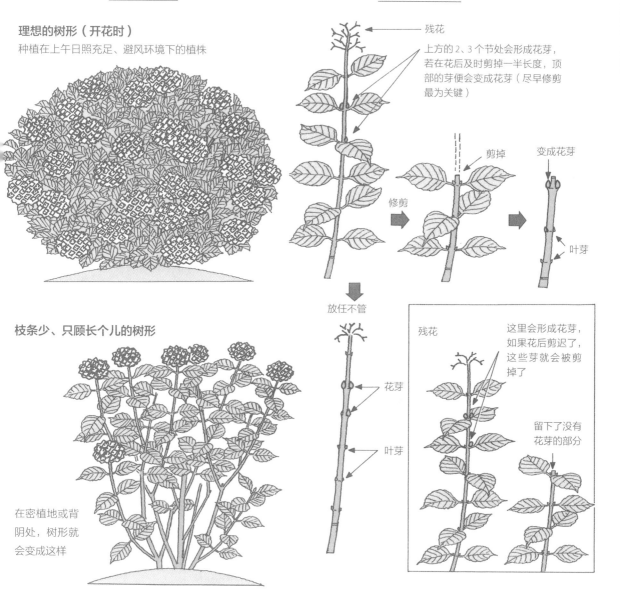

●调整外形●

但是第二年会长成茂盛的植株，开出大量花朵

开花株过高

如果剪晚了，植株就只能开出2、3簇花或是完全不开花

花后深剪

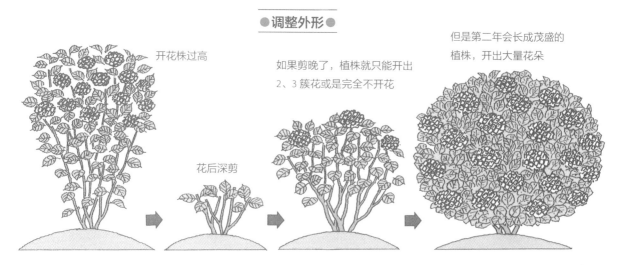

21

梅

月	1	2	3	4	5	6	7	8	9	10	11	12
花　　期						果实						
花芽形成												
修　　剪												
种　　植												

据说梅的原产地是我国，但梅"丰后"、野梅"甲州"告诉我们，梅对日本土壤、气候的适应能力堪比本土植物。从江户时代起人们便培育出了众多园艺品种。梅被用于庭院观赏树、盆栽、鲜切花、腌水果等，包括赏花的梅、采果的梅在内，现在品种数量超过了300种。

● 栽培要点

适合种在日照条件好，土壤肥沃、排水性强的环境中。梅最不喜欢背阴和湿地环境。

种植、移栽宜在12月中旬至次年3月上旬进行，苗木得尽早（12月中旬）种植。

所施肥料类型包括花后的"礼肥"、12月下旬至次年1月中旬的"寒肥"和初秋的"追肥"。施油粕与骨粉的等量混合物即可。

梅是病虫害频发的树木，会出现黄褐天幕毛虫、蚜虫、介壳虫和黑斑病等问题。防治关键在于4—10月每月定期喷洒一次杀菌剂、杀虫剂。

● 开花习性

梅的花芽（花蕾）会在当年春季长出的新枝的叶腋处形成，但长枝条很难形成花芽，饱满的短枝条反而会长满花芽。因此，多修剪出一些短枝条便是令树木大量开花的秘诀。

● 修剪技巧

日本从前的一句谚语中提到"不剪梅花的傻瓜"，梅细小的枝条自不用说，粗枝条也容易修剪。关于修剪时期，庭院树于12月中旬至次年1月进行，盆栽则是在花期结束后立刻进行。

修剪长枝条时必须保留约10个芽点，并且为基部制造短枝条非常重要。

梅需根据场地来调整树形，但适合尽量自然的树形。

● 花芽的形成方式与枝条的生长方式

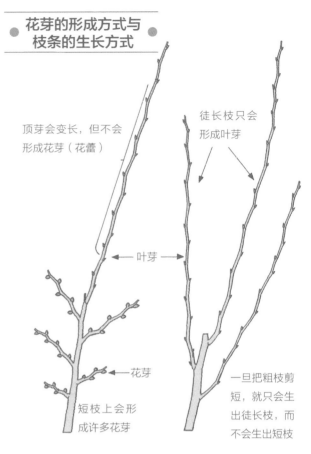

顶芽会变长，但不会形成花芽（花蕾）

徒长枝只会形成叶芽

叶芽

花芽

短枝上会形成许多花芽

一旦把粗枝剪短，就只会生出徒长枝，而不会生出短枝

● 如何调整枝条 ●

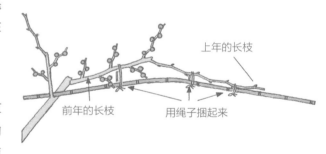

上年的长枝

前年的长枝

用绳子捆起来

● 适合庭院的树形 ●

接近自然形态的树形
（不占地方，与其他树木协调）

盆状造型，树冠需要较大的空间

重点在于方便采光、通风

●如何制造短枝●　　　　　　　　　　　●回剪●

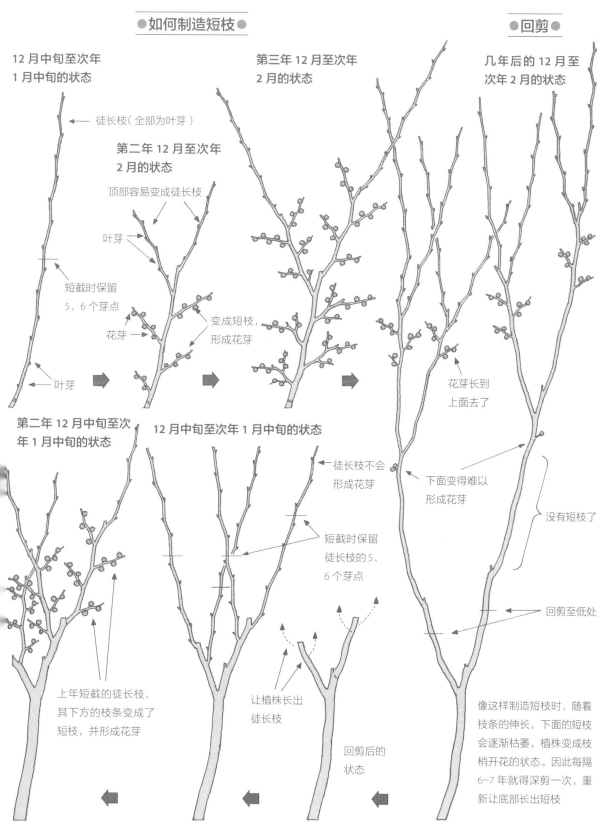

12 月中旬至次年 1 月中旬的状态

← 徒长枝（全部为叶芽）

第二年 12 月至次年 2 月的状态

顶部容易变成徒长枝

叶芽

短截时保留 5、6 个芽点

花芽 →

← 叶芽

变成短枝，形成花芽

第三年 12 月至次年 2 月的状态

几年后的 12 月至次年 2 月的状态

花芽长到上面去了

下面变得难以形成花芽

没有短枝了

回剪至低处

第二年 12 月中旬至次年 1 月中旬的状态

上年短截的徒长枝，其下方的枝条变成了短枝，并形成花芽

12 月中旬至次年 1 月中旬的状态

徒长枝不会形成花芽

短截时保留徒长枝的 5、6 个芽点

让植株长出徒长枝

回剪后的状态

像这样制造短枝时，随着枝条的伸长，下面的短枝会逐渐枯萎，植株变成枝梢开花的状态。因此每隔 6~7 年就得深剪一次，重新让底部长出短枝

23

垂丝海棠

月	1	2	3	4	5	6	7	8	9	10	11	12
花　　期				━	━							
花芽形成						━	━	━				
修　　剪	━	━										━
种　　植	━	━	━	━								━

　　春季的庭院里少不了一棵开亮红色花朵的花树。垂丝海棠属于苹果属，长势旺盛，既适合日式、西式建筑，也适合庭院。其种植范围广泛，从日本九州到北海道南部都可以栽培。

●栽培要点

　　适合种于日照条件好、排水性强的肥沃土地，在树坑中拌入完熟堆肥和腐叶土，如此能增强土壤的储水能力。

　　种在背阴处时，开花量会明显变少。

　　关于种植的适宜时期，在日本关东以西的温暖地区为 12 月至次年 2 月，而在关东以北的寒冷地区，则为 3—4 月的萌芽期、开花期。

　　施肥在 2 月和 8 月进行，将油粕与骨粉等量混合后，往根部周围撒两三把即可。

　　从萌芽期到夏季，会出现蚜虫、天牛幼虫、赤星病等病虫害。需定期喷洒杀虫剂、杀菌剂。

●开花习性

　　长枝条不会开花，而当年长出的结实短枝，其顶芽会发育成花芽，到了次年 4—5 月，花芽会略微生长，在冒出 2、3 枚叶片后开花。

●修剪技巧

　　叶片掉落的 12 月底至次年 2 月都是修剪的适宜时期。观察整体树形，剪去树冠内部没有花芽的细小枝条。接着整理顶部的大量徒长枝，全部整根剪掉。而修剪植株基部时，一定要保留 10 个左右的芽点，留下的部分将发育成带花芽的短枝。

　　对于 5~6 年未修剪的植株，得对粗壮的部分进行回剪，促进新的开花枝生成，但切口部位一定要涂好保护剂加以保护。

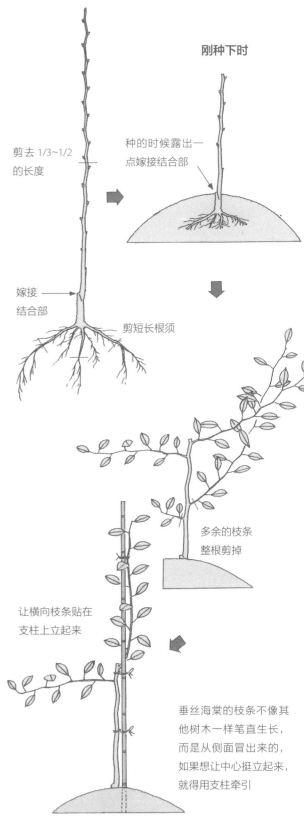

刚种下时

剪去 1/3~1/2 的长度

种的时候露出一点嫁接结合部

嫁接结合部

剪短长根须

多余的枝条整根剪掉

让横向枝条贴在支柱上立起来

垂丝海棠的枝条不像其他树木一样笔直生长，而是从侧面冒出来的，如果想让中心挺立起来，就得用支柱牵引

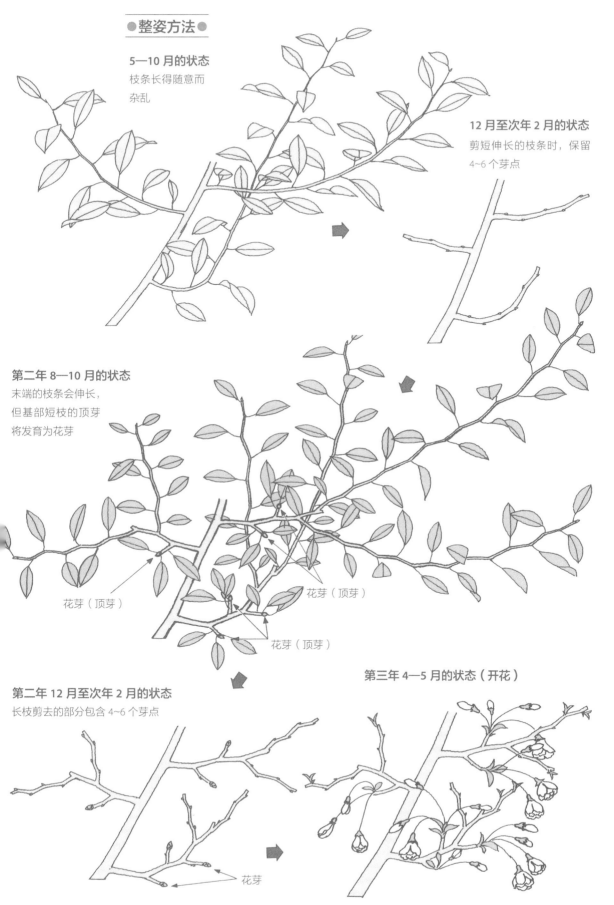

●整姿方法●

5—10 月的状态
枝条长得随意而
杂乱

12 月至次年 2 月的状态
剪短伸长的枝条时，保留
4~6 个芽点

第二年 8—10 月的状态
末端的枝条会伸长，
但基部短枝的顶芽
将发育为花芽

花芽（顶芽）

花芽（顶芽）

花芽（顶芽）

第三年 4—5 月的状态（开花）

第二年 12 月至次年 2 月的状态
长枝剪去的部分包含 4~6 个芽点

花芽

垂丝海棠

丹桂、木樨

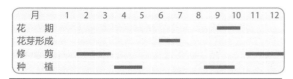

月	1	2	3	4	5	6	7	8	9	10	11	12
花　　期												
花芽形成												
修　　剪												
种　　植												

●整形修剪的方法●

花后 11—12 月或次年 2—3 月

理想的修剪位置

深剪位置

丹桂开橘黄色的小花，木樨开白色的小花，且香味略逊于前者。长势旺盛，耐寒性略差，种植地区最北可到日本东北地方南部。

●栽培要点

选择有日照、排水性好的肥沃土地。它们属于耐阴性较强的植物，但在背阴处，开花量比长于日照条件好的地方时少。

适合在彻底转暖的 4—5 月和 8 月下旬至 10 月中旬进行种植。

种植后，管理时要避免给予过量的氮元素。冬季和花谢后，将骨粉、草木灰、鸡粪等磷元素、钾元素含量高的肥料在根部周围撒 2~3 把，如此便能起到一定效果。

●开花习性

4 月后长出的新枝，会在 6 月下旬至 7 月上旬发育饱满，形成花芽，于 9 月下旬开花。枝条如此反复生长。常有人说"桂树不开花"，其实问题出在日照、根系徒长、氮元素过量等方面。

●修剪技巧

整枝、修剪的适宜时期为花后或 2—3 月，而在日本关东以西的温暖地区，冬季也能进行。

修剪开花的枝条时保留 2~3 节的长度，这样 4 月后便能长出新枝，形成花芽。做圆筒造型时，需用绿篱剪进行整形修剪。自然生长的植株，需要疏枝、短截或是用绿篱剪进行修剪，需注意，深剪容易造成许多小枝的枯萎。不过，只要悉心管理 2~3 年，树冠便会恢复原状。

对普通家庭而言，相比几年一次的深度整形修剪，更适合每年进行整枝。

深剪

■剪到这种程度，叶片几乎都被剪光了

■枯萎的小枝很醒目

■叶片需要 3~4 年才能均匀覆盖整个树冠

■开花状况会萎靡 2 年左右

理想的修剪

修剪成这个样子，叶片也保留了不少。几乎没什么枯萎的小枝，还能每年欣赏花朵

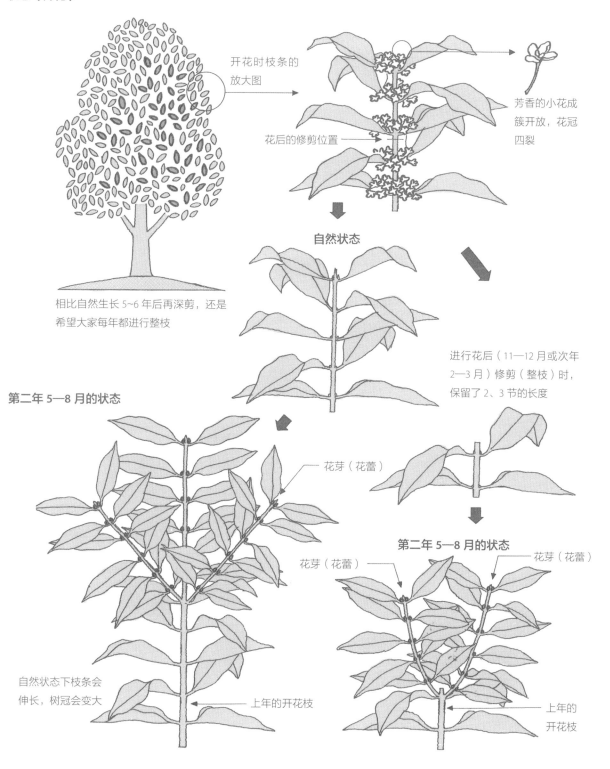

9 月中旬至 10 月上旬的状态（开花）

开花时枝条的放大图

芳香的小花成簇开放，花冠四裂

花后的修剪位置

相比自然生长 5~6 年后再深剪，还是希望大家每年都进行整枝

自然状态

进行花后（11—12 月或次年 2—3 月）修剪（整枝）时，保留了 2、3 节的长度

第二年 5—8 月的状态

花芽（花蕾）

花芽（花蕾）

第二年 5—8 月的状态

花芽（花蕾）

花芽（花蕾）

自然状态下枝条会伸长，树冠会变大

上年的开花枝

上年的开花枝

樱花

月	1	2	3	4	5	6	7	8	9	10	11	12
花　期												寒樱
花芽形成												
修　剪												
种　植												

●树　形

品种繁多，花形、花色丰富多样。此外，树高从 2m 到 20m 都有，种植时请选择适合种植地点的心仪品种。

●栽培要点

正如日本谚语中提到的"剪樱花的傻瓜"，樱花忌讳乱剪枝条，因此得选择适合种植地点的品种。假如在狭窄的地方种上巨大的樱树，后续会非常麻烦。

种植地点选择日照条件好、排水性强的肥沃土地。

种植的适宜时期为 12 月和 2 月至开花前。

关于施肥，将油粕和颗粒状化成复合肥料等量混合后，于冬季和 9 月中旬撒在根部周围，1~3 把即可。

病虫害方面，会出现黄褐天幕毛虫、美国白蛾的幼虫、白粉病、簇叶病等。定期喷洒药剂才能有效防治。

●开花习性

观察落叶期的枝条，便能清楚辨认出花芽和叶芽。6 月中旬至 8 月中旬，花后新枝的短枝上会形成花芽。

长枝条几乎没有花芽，但次年其基部会形成花芽。

●修剪技巧

修剪的适宜时期为 1—2 月，其实樱花并非不能修剪，只是切口难以愈合，因此才应尽量避免修剪。

不过，树冠内部的细枝、感染簇叶病的枝条一定要趁早剪掉。

避免在枝条的中间下刀，一定要整根剪掉，并为切口涂抹保护剂。

东京樱花、野樱花园艺品种等的树形

野樱花的树形

富士樱的树形

富士樱为单干型或图中的多主枝丛状

旭山樱的树形

如果把旭山樱种在庭院里，树形会变成这样

垂枝樱

●修剪长枝●

8—10 月的状态

11 月至次年 3 月的状态

花芽的状态

这些叶的叶腋处会
形成次年的花芽

伸长的枝条→

4 月的状态（开花）

修剪时保留
几个芽点

枝梢的芽长得很长

叶芽

长出了
短枝

短枝

花芽

●修剪多余的枝条（1—2 月）●

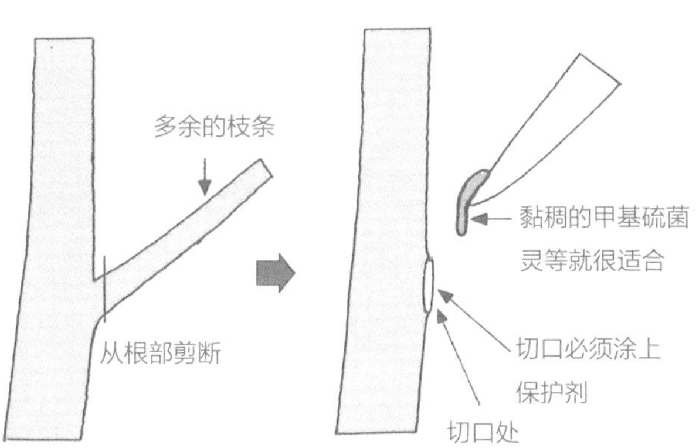

●修剪垂枝樱●

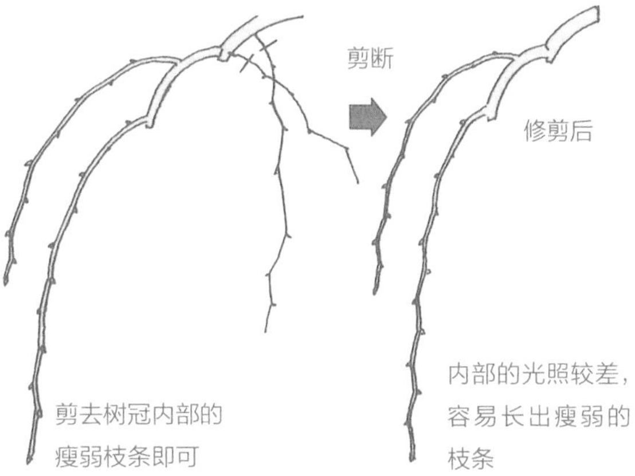

剪断

多余的枝条

修剪后

黏稠的甲基硫菌
灵等就很适合

从根部剪断

切口必须涂上
保护剂

切口处

剪去树冠内部的
瘦弱枝条即可

内部的光照较差，
容易长出瘦弱的
枝条

紫薇

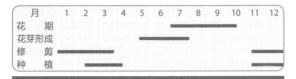

月	1	2	3	4	5	6	7	8	9	10	11	12
花　　期												
花芽形成												
修　　剪												
种　　植												

●树　形●

紫薇在少花的夏季开放，红棕色的枝干富有光泽，冬季落叶后的样子也别有一番风情。

花期持久，所以别名叫作百日红。

●栽培要点

紫薇不怎么挑土质，但适合种在日照条件好、排水性强的肥沃土地。在土壤贫瘠、缺少日照的地方容易患病，开不出花朵。也不适合和其他树木混植，是一种适合单独栽培的树木。

适宜在樱花盛开时和落叶后进行种植。种植和移栽时，需对枝条进行深剪。

种植后充分施肥，是培养健康新枝、美丽花朵的秘诀。在 1—2 月和 9 月时，撒两三把油粕与颗粒状化成复合肥料的等量混合物即可。

病虫害方面，会出现蚜虫、煤污病、白粉病等。需定期喷洒杀菌剂、杀虫剂进行防治。

●开花习性

顶生花序，花朵在当年生新枝的枝梢上开放。当植株枝条密集、长在背阴处或修剪不及时，就会开不出花朵。

●修剪技巧

即使放任不管，树形也依然美观整齐，但每年促进新枝的生长非常重要。

11 月中旬至次年 3 月落叶的时候适合修剪。

开花的枝条从根部剪断，如此重复 3~4 年，枝梢会变成瘤状，届时再把瘤状部位剪下来。地面会长出许多笋枝，得尽早拔除。

紫薇的树形

一旦长出笋枝，就立刻拔除

开白花的紫薇多为直立性

放任不管时的状态

●修剪方法●

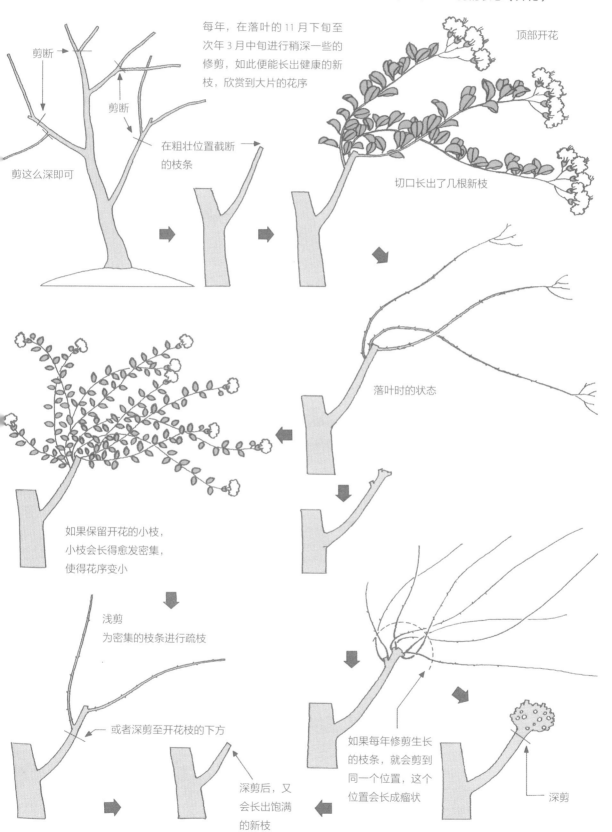

11 月下旬至次年 3 月中旬的状态

剪断

剪断

剪这么深即可

每年，在落叶的 11 月下旬至次年 3 月中旬进行稍深一些的修剪，如此便能长出健康的新枝，欣赏到大片的花序

在粗壮位置截断的枝条

第二年 7—9 月的状态（开花）

顶部开花

切口长出了几根新枝

落叶时的状态

如果保留开花的小枝，小枝会长得愈发密集，使得花序变小

浅剪
为密集的枝条进行疏枝

或者深剪至开花枝的下方

深剪后，又会长出饱满的新枝

如果每年修剪生长的枝条，就会剪到同一个位置，这个位置会长成瘤状

深剪

杜鹃花科 ●常绿阔叶灌木至大灌木 ●花期 4—6 月

杜鹃花

月	1	2	3	4	5	6	7	8	9	10	11	12
花　　期				―	―	―						
花芽形成							―	―				
修　　剪		―	―									
种　　植		―	―	―	―			―	―	―	―	―

日本的高山里有不少自生品种，但庭院观赏树中的杜鹃花是在欧洲用东方杜鹃花杂交培育而来的品种，所以一般称之为西洋杜鹃花。有人觉得杜鹃花不易栽培，可只要日照条件好、土质适合，它其实是种容易栽培的树木。

●栽培要点

理想的环境包括日照条件好、排水性强、腐殖质丰富、细根有足够的扩张空间，最关键的是空气湿度高。可要集齐这些条件恐怕不太可能，因此尽量种在接近上述条件的地方即可。

种植的适宜时期为 2 月下旬至 5 月和 8 月下旬至 11 月。

施肥在冬季和 7 月进行，施加 1~3 把油粕与骨粉的等量混合物即可。另外，在根部周围铺上一层稍厚的泥炭藓，如此能有效防止干燥。

●开花习性

杜鹃花会在开花期长出新枝，顶部形成花芽，并于次年春季至初夏开花。不过有些品种的花后新枝上并不会形成花芽（这种情况下会隔年开花）。

●修剪技巧

基本无须修剪。不过，有些品种的特性是花后新枝上不会形成花芽，因此在花芽大量形成的年份里，只要在冬季摘除 1/3 左右的花蕾，便能防止隔年开花。

剪去枝条时，必须从根部剪断。即使在中间下刀也不会萌芽的。切口需要涂抹保护剂做好保护。

● 树　形 ●

西洋杜鹃花的树形

在风雪环境下长大的杜鹃花

●花芽与开花●

8 月至次年 3 月的状态

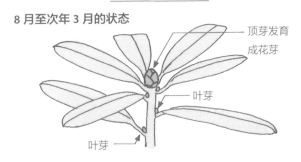

顶芽发育成花芽

叶芽

叶芽

次年 4 至 6 月的状态

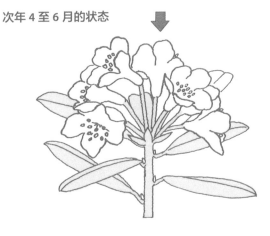

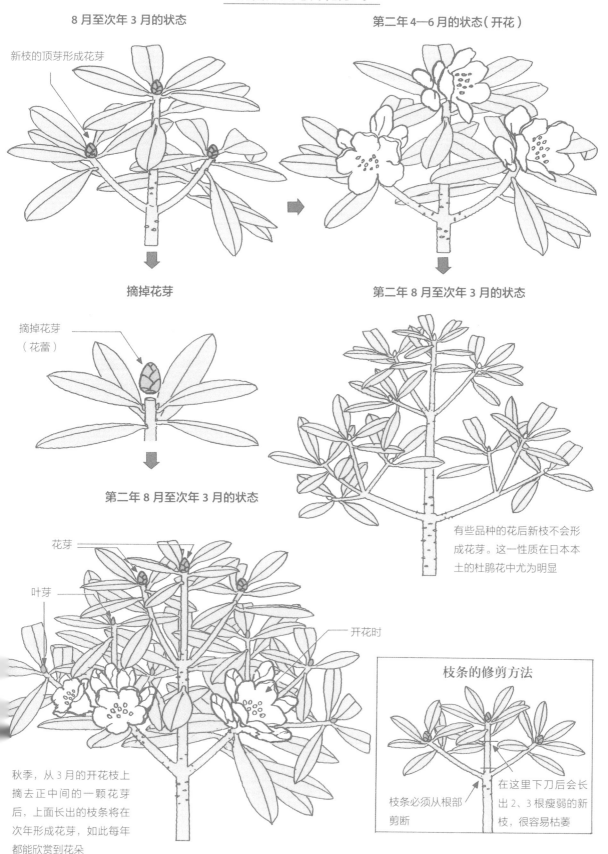

●摘蕾方法与开花方式●

8 月至次年 3 月的状态

新枝的顶芽形成花芽

摘掉花芽

摘掉花芽
（花蕾）

第二年 8 月至次年 3 月的状态

花芽

叶芽

开花时

秋季，从 3 月的开花枝上
摘去正中间的一颗花芽
后，上面长出的枝条将在
次年形成花芽，如此每年
都能欣赏到花朵

第二年 4—6 月的状态（开花）

第二年 8 月至次年 3 月的状态

有些品种的花后新枝不会形
成花芽。这一性质在日本本
土的杜鹃花中尤为明显

枝条的修剪方法

枝条必须从根部
剪断

在这里下刀后会长
出 2、3 根瘦弱的新
枝，很容易枯萎

杜
鹃
花

杜鹃花属植物（常绿性、落叶性）

月	1	2	3	4	5	6	7	8	9	10	11	12
花　　期			▬	▬	▬	▬						
花芽形成							▬	▬	▬			
修　　剪					▬	▬						
种　　植			▬	▬	▬	▬			▬	▬	▬	▬

日本的杜鹃花属植物非常多，有 2—3 月开始绽放的菱叶杜鹃和纤毛兴安杜鹃，5—6 月开花的皋月杜鹃和天城杜鹃（*Rhododendron amagianum*）等，包括了常绿性、落叶性和半落叶性品种，另外有株高 30~50cm 的九州杜鹃、赤城杜鹃（*Rhododendron pentaphyllum* var. *nikoense*）这样的小乔木品种等，花色、花形可谓纷繁多样。

● 栽培要点

一种在背阴处也能茁壮生长的花树，原本喜爱日照条件好、排水性强的地方。菱叶杜鹃、纤毛兴安杜鹃、天城杜鹃、神宫杜鹃（*Rhododendron sanctum*）、莲华杜鹃（*Rhododendron molle* subsp. *japonicum*）、大字杜鹃等落叶性的杜鹃花尤其不喜欢背阴处。此外，常绿性的阴地杜鹃跟它的名字正相反，很讨厌背阴处，完全是一种渴望阳光的植物。而在山中岩地里美丽绽放的菱叶杜鹃，只要创造出与生长地类似的环境，它就能茁壮生长。

得避免与其他树木混植，只种一棵，或者把同一品种的植株种在一起，如此更能凸显杜鹃花属植物的美丽。

根系非常纤细，属于浅根性植物，喜酸性土壤，因此得避免种于黏质土中，用红土、黑土等富含火山灰、腐殖质的土壤最为合适。

鹿沼土和泥炭藓也是较为适合的培养土。

比起挖坑种植，直接把植株立在土壤上，在周围堆上适量的土壤——这样的种植方式更为保险。

关于种植时期，常绿性的品种为 3 月至开花期及 9—12 月，但其实除了盛夏的干燥期和日本东京以北地区的严寒期外，基本上随时可以种植。落叶性的品种适合在 2 月下旬至 3 月下旬、11—12 月种植。

施肥在花期刚结束的时候和 8 月下旬进行，把油粕与颗粒状化成复合肥料的等量混合物往根部周围撒两三把即可。另外，在根部周围铺一层厚厚的腐叶土或泥炭藓，能有效促进新根的生长。

春秋期间会出现蚜虫、杜鹃冠网蝽、叶螨（俗称红蜘蛛）等虫害。除去开花期，定期喷洒药剂有一定的防治效果。

● 开花习性

与树冠面积相比，花朵如此之多的花树很是罕见。

7 月下旬至 9 月，当年生枝条上会形成花芽。这些花芽将在来年春季开花，开完后又会生出 2~5 根新枝，其顶部形成花蕾。如果放任不管，植株就会按这个循环方式生长开花，不断成长。

● 修剪技巧

由于花芽（花蕾）长在新枝的顶部，花后需立刻进行整形修剪，整理树冠。常绿性杜鹃花的枝条纤细而密集，可用绿篱剪修剪出心目中的树形，但在花芽形成的 8 月后得避免整形修剪，11 月后修剪明显影响树冠的乱枝即可。因为 8 月后进行整形修剪会把花芽剪掉，使得植株次年开不出花朵。

落叶性杜鹃花萌芽能力弱，几乎不需要进行整形修剪。修剪密集的部位和树冠蹿出的枝条即可。进行疏枝时，避免在枝条的中间下刀，一定要在根部剪断。

盆栽则需要使树形和花盆协调。直立性的菱叶杜鹃、神宫杜鹃、天城杜鹃等适合深盆种植，横张性的火把杜鹃、久留米杜鹃（Kurume Group，部分品种）、皋月杜鹃等则适合浅盆种植。

把赤玉土、黑土、鹿沼土、泥炭藓、腐叶土等土壤中的 2、3 种混合成培养土，并在种植时保证良好的排水性。

深盆、塑料盆等尤其要注意排水性，不仅得在盆底铺上大颗粒赤玉土或鹿沼土，还得除去培养土中的粉末。确保排水性非常重要。

杜鹃花属植物喜欢空气湿度高的地方，却不喜欢花盆里有积水。

> **常绿性杜鹃花**
>
> 白花杜鹃、锦绣杜鹃、久留米杜鹃、钝叶杜鹃等。

●秋季的整形●

初夏进行整形修剪后，夏芽略有生长，顶端形成了花芽（花蕾）。如果对整棵植株进行整形修剪，会把花芽剪掉，因此剪去影响树形的乱枝即可。

微微超过基线，次年顶部会开出花朵

只剪去明显扰乱树形的枝条

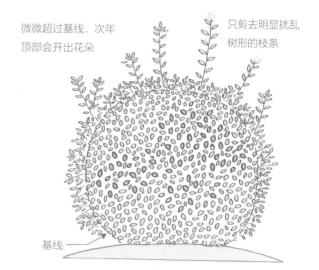

基线

●初夏的整形修剪●

想让植株长大便浅剪，想维持大小则深剪。

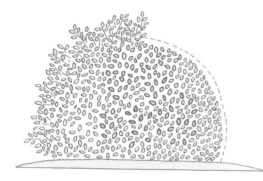

●整形修剪●

花后至 6 月下旬

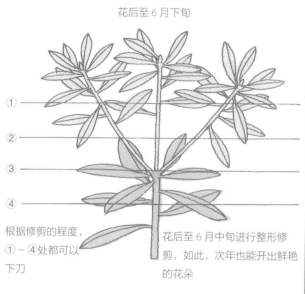

① ② ③ ④

根据修剪的程度，①～④处都可以下刀

花后至 6 月中旬进行整形修剪，如此，次年也能开出鲜艳的花朵

有花芽的状态

花芽

新枝

开完花后

●整形修剪后芽的生长形式●

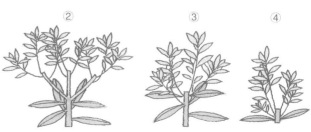

① ② ③ ④

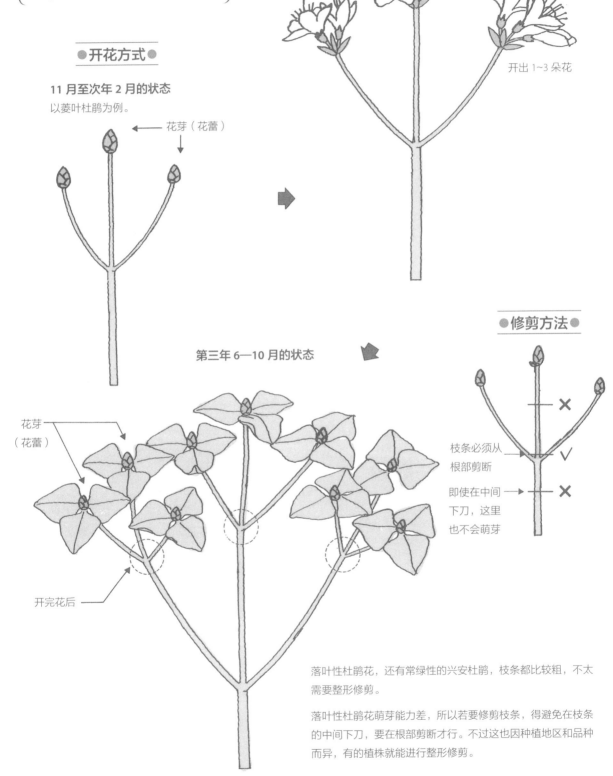

落叶性杜鹃花

火把杜鹃、菱叶杜鹃、天城杜鹃、大字杜鹃、神宫杜鹃、雄杜鹃（*Rhododendron weyrichii*）、莲华杜鹃、纤毛兴安杜鹃。还有比较特殊的兴安杜鹃（常绿性）等。

第二年 2—4 月的状态（开花）

开出 1~3 朵花

●开花方式●

11 月至次年 2 月的状态

以菱叶杜鹃为例。

花芽（花蕾）

●修剪方法●

枝条必须从根部剪断

即使在中间下刀，这里也不会萌芽

第三年 6—10 月的状态

花芽（花蕾）

开完花后

落叶性杜鹃花，还有常绿性的兴安杜鹃，枝条都比较粗，不太需要整形修剪。

落叶性杜鹃花萌芽能力差，所以若要修剪枝条，得避免在枝条的中间下刀，要在根部剪断才行。不过这也因种植地区和品种而异，有的植株就能进行整形修剪。

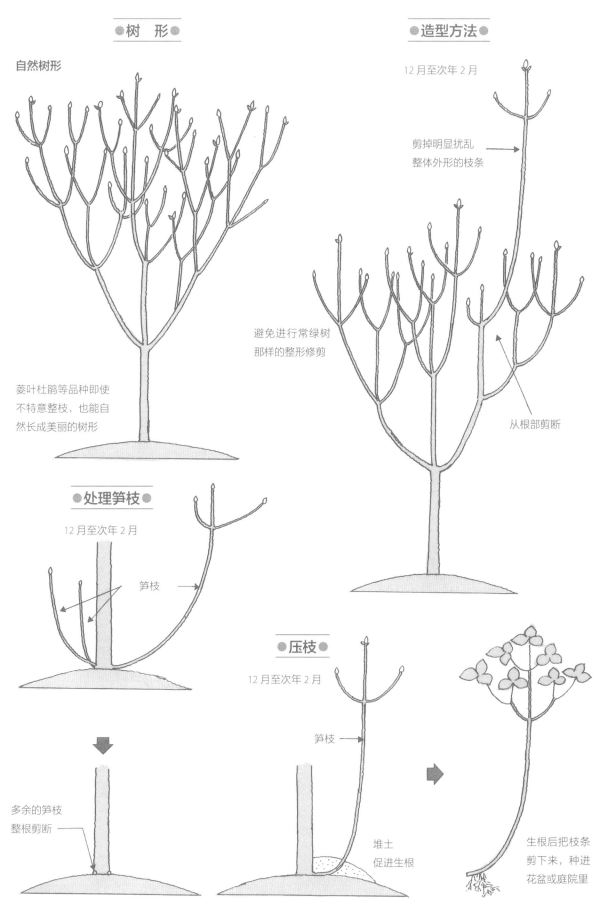

●树 形●

自然树形

菱叶杜鹃等品种即使
不特意整枝，也能自
然长成美丽的树形

●造型方法●

12月至次年2月

剪掉明显扰乱
整体外形的枝条

避免进行常绿树
那样的整形修剪

从根部剪断

●处理笋枝●

12月至次年2月

笋枝

多余的笋枝
整根剪断

●压枝●

12月至次年2月

笋枝

堆土
促进生根

生根后把枝条
剪下来，种进
花盆或庭院里

山茶、茶梅

月	1	2	3	4	5	6	7	8	9	10	11	12
花　　期	山茶											
花芽形成			春茶梅								茶梅	
修　　剪												
种　　植												

山茶和茶梅有许多品种和变种。从日本本州到冲绳，山茶自然生长在太平洋沿岸，茶梅则分布在九州至冲绳间，二者是大多数品种的基本种，可以说山茶和杜鹃花属植物都是日本的代表性花树。

许多山茶都是在春季绽放，而茶梅是在 10—12 月开花，但是也有春季开花的春茶梅（Camellia × vernalis）。

● 栽培要点

它们是耐阴性强的植物，但也应尽量种在日照条件好、排水性强的地方。在冬季寒风呼啸的地区，防风也是项重要工作。

种植适合在天气彻底转暖的时候进行，可以以东京樱花凋谢、日本晚樱开花的时间为参考。8 月下旬至 10 月上旬也是适宜时期。

施肥分三次：1—2 月施寒肥、4—5 月施礼肥和 8—9 月施追肥。把油粕与颗粒状化成复合肥料等量混合后，撒一把在根部周围即可。

病虫害以花腐病、茶黄毒蛾、介壳虫等为主。从花后到 10 月，定期喷洒药剂有一定的预防效果。

● 开花习性

开花后长出的新枝，其顶部会在 7 月形成花芽（花蕾）。尽管幼树的枝条会健康生长，却不会形成花芽。

● 修剪技巧

修剪适合在花后及时进行。秋季开花的茶梅，则在花后或次年 3 月进行。

若要进行整形修剪，可进行花后深剪，秋后整理扰乱树形的枝条。

● 树　形 ●

自然树形

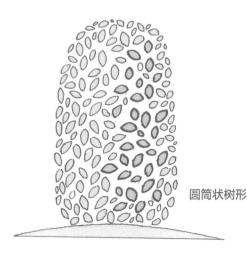

圆筒状树形

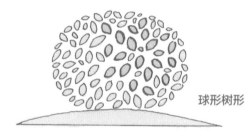

球形树形

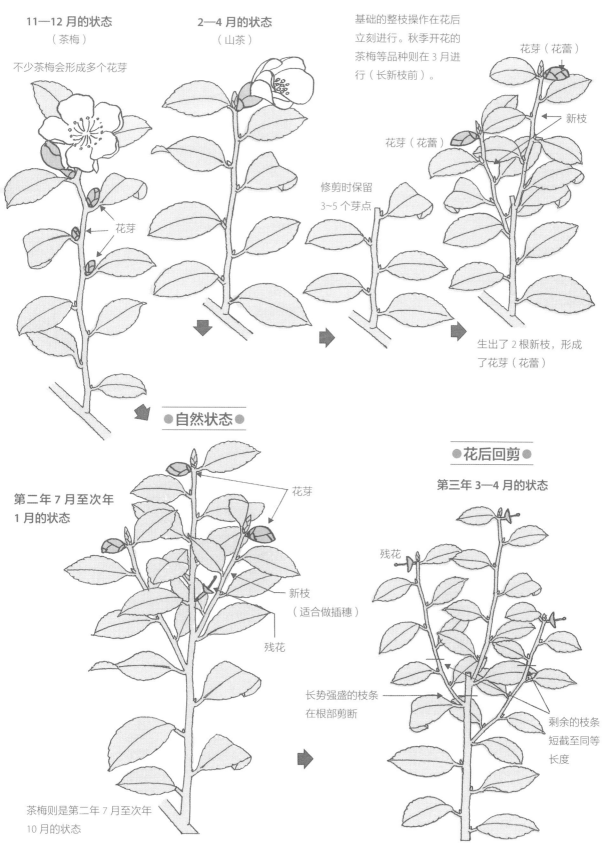

●开花方式与修剪方法●

11—12 月的状态
（茶梅）

不少茶梅会形成多个花芽

花芽

2—4 月的状态
（山茶）

●自然状态●

第二年 7 月至次年
1 月的状态

花芽

新枝
（适合做插穗）

残花

茶梅则是第二年 7 月至次年
10 月的状态

●花后的修剪方法与新枝的生长形式●

基础的整枝操作在花后
立刻进行。秋季开花的
茶梅等品种则在 3 月进
行（长新枝前）。

花芽（花蕾）

新枝

花芽（花蕾）

修剪时保留
3~5 个芽点

生出了 2 根新枝，形成
了花芽（花蕾）

●花后回剪●

第三年 3—4 月的状态

残花

长势强盛的枝条
在根部剪断

剩余的枝条
短截至同等
长度

夏椿、日本紫茎

月	1	2	3	4	5	6	7	8	9	10	11	12
花　　期						▅▅▅▅▅					
花芽形成							▅▅▅				
修　　剪	▅▅▅▅										
种　　植		▅▅▅									▅

夏椿自然生长在日本东北地方中部以南，日本紫茎则是在关东以西的地区。山茶科中属于难得一见的落叶性品种，在新枝的叶腋处会开出直径 5~7cm 的美丽白花，每朵 5 片花瓣。日本紫茎的花朵较小，却也清纯好看。光滑的树皮呈红棕色。

●栽培要点

它们长势旺盛，不怎么挑土质，但适合种在日照条件好、富含腐殖质、排水性强的肥沃土地。不过，自生地落叶堆积、湿度极高，因此植株虽可种在庭院里阳光好的地方，但得避免使根部受到烈日的直射。

在背阴处和土壤贫瘠的地方，枝条会变得瘦弱，开不出花朵，所以得避免种在这些地方。

种植的适宜时期为 12 月和 2 月下旬至 3 月，在树坑里填入完熟堆肥，把植株种得高一点。

庭院栽培时，比起一棵棵分散开来种植，三五成群地种植显得更为自然。

1—2 月和 9 月各施一次肥，将油粕与颗粒状化成复合肥料等量混合后，在根部周围撒 1~3 把即可。

关于害虫，日本紫茎在日照、通风不好的地方，主干和枝条上有时会出现介壳虫。需定期喷洒杀虫剂。

●开花习性

不仅当年长出的饱满短枝，中等长度的枝条上也会形成花芽。

这些芽将长成次年的新枝，叶腋处会开出花朵。

●修剪技巧

整枝适合在 1—2 月的落叶期进行。不要全部剪掉，在根部剪断多余枝条，避免在枝条中间下刀即可。

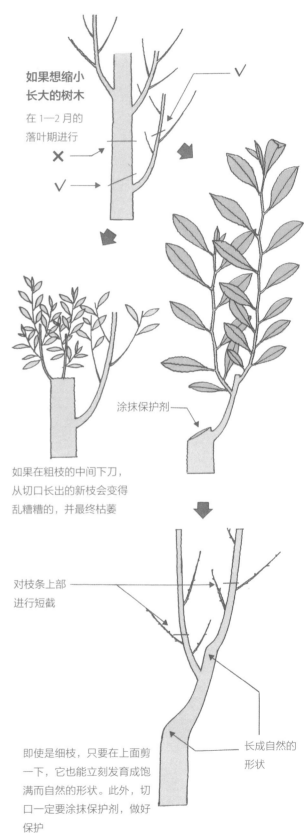

如果想缩小长大的树木

在 1—2 月的落叶期进行

涂抹保护剂

如果在粗枝的中间下刀，从切口长出的新枝会变得乱糟糟的，并最终枯萎

对枝条上部进行短截

长成自然的形状

即使是细枝，只要在上面剪一下，它也能立刻发育成饱满而自然的形状。此外，切口一定要涂抹保护剂，做好保护

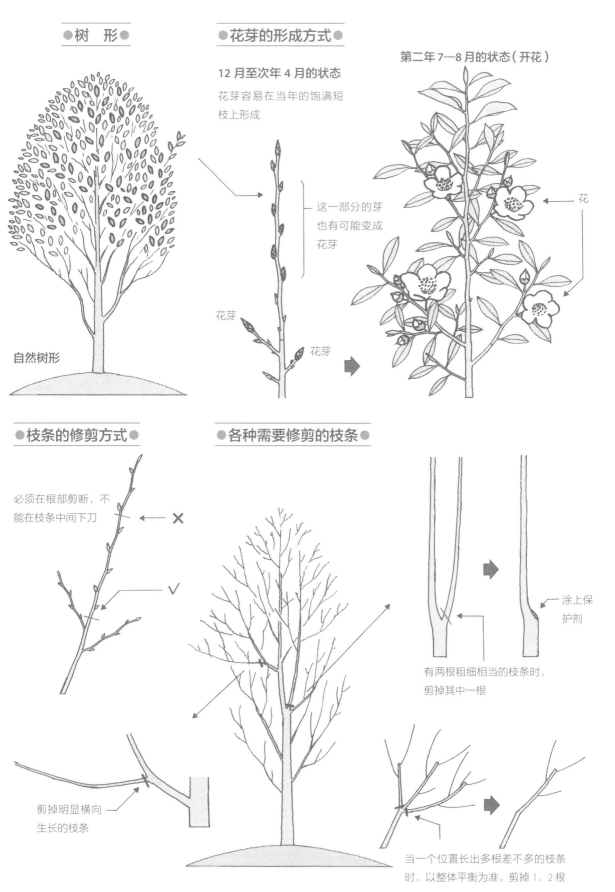

●树　形●

自然树形

●花芽的形成方式●

12 月至次年 4 月的状态

花芽容易在当年的饱满短
枝上形成

这一部分的芽
也有可能变成
花芽

花芽

花芽

第二年 7—8 月的状态（开花）

花

●枝条的修剪方式●

必须在根部剪断，不
能在枝条中间下刀

×

∨

剪掉明显横向
生长的枝条

●各种需要修剪的枝条●

涂上保
护剂

有两根粗细相当的枝条时，
剪掉其中一根

当一个位置长出多根差不多的枝条
时，以整体平衡为准，剪掉 1、2 根

夏椿、日本紫茎

41

大花四照花、日本四照花

月	1	2	3	4	5	6	7	8	9	10	11	12
花　　期				▬▬		▬▬						
花芽形成				日本四照花								
修　　剪	▬▬▬▬											▬
种　　植		▬▬▬									▬	

大花四照花的原产地是北美，日本明治末期，东京向美国赠送了樱花的苗木，大花四照花则作为回礼来到了日本。花朵上看起来像花瓣的，其实是苞片。

日本四照花自生于山野中，样子很像大花四照花，但大花四照花的苞片尖是凹进去的，日本四照花的苞片尖则是尖的，这也是它的特征。

●栽培要点

它们长势旺盛，不怎么挑土质，但日照条件好、排水性强的肥沃土地更为理想。

花朵向上开放，因此适合种在离建筑物稍远的地方或可从二楼俯瞰的位置。

种植的适宜时期为 11 月中旬至 12 月、2 月下旬至 3 月中旬。若在萌芽后或开花后种植，会不怎么长新枝，次年开花将无望。

施肥需避免氮元素过量，且磷元素和钾元素也是不能缺少的。在 2—3 月和 8 月下旬，将油粕与骨粉的等量混合物往根部周围撒 1~3 把即可。

关于病虫害，苗木时期地表特别容易出现天牛幼虫。日常留心观察，在出现的早期及时捕杀。

除此之外，还有美国白蛾的幼虫和白粉病等病虫害。春夏期间，需定期喷洒药剂。

●开花习性

新枝中那些粗壮、饱满的短枝条，其顶部会在 7 月形成花芽，并于次年开出花朵，但是长枝条和徒长枝不会形成花芽。到了 8—9 月，便能观察到花芽。

●修剪技巧

整枝适合在落叶的 12 月至次年 2 月进行，剪去没有花芽的长枝、错综复杂的细枝即可。

● 大花四照花的开花方式与修剪方法

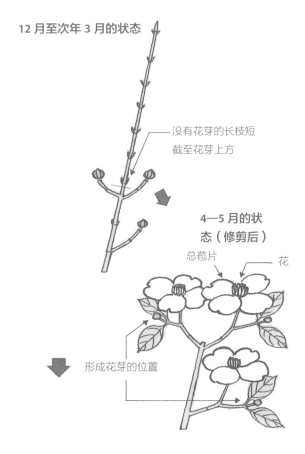

12 月至次年 3 月的状态

没有花芽的长枝短截至花芽上方

4—5 月的状态（修剪后）

总苞片　　花

形成花芽的位置

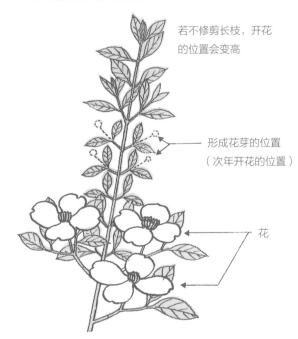

4—5 月的状态（未修剪）

若不修剪长枝，开花的位置会变高

形成花芽的位置（次年开花的位置）

花

● 日本四照花的树形 ●   ● 日本四照花的开花方式与修剪方法 ●

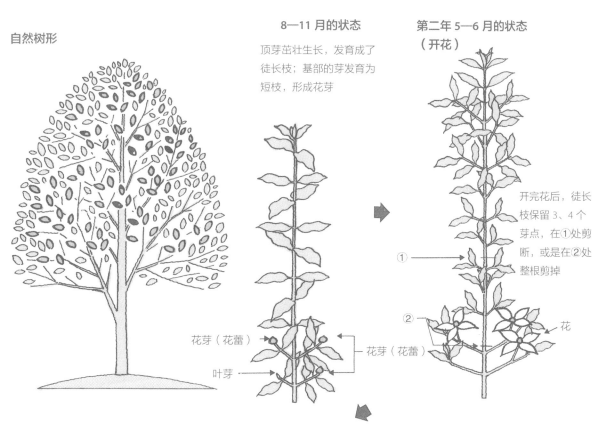

自然树形

8—11 月的状态

顶芽茁壮生长，发育成了徒长枝；基部的芽发育为短枝，形成花芽

花芽（花蕾）

叶芽

花芽（花蕾）

第二年 5—6 月的状态（开花）

开完花后，徒长枝保留 3、4 个芽点，在①处剪断，或是在②处整根剪掉

①

②

花

第二年 8—9 月的状态（在①处下刀后）

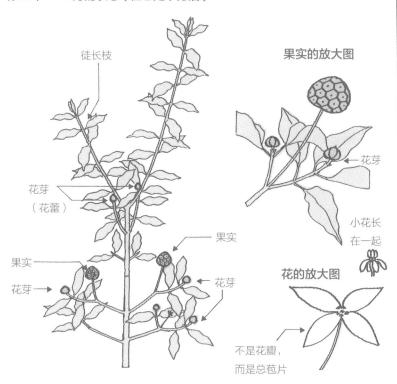

徒长枝

花芽（花蕾）

果实

果实

花芽

花芽

果实的放大图

花芽

小花长在一起

花的放大图

不是花瓣，而是总苞片

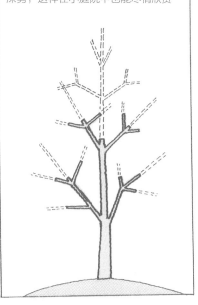

深剪
（12 月至次年 2 月）

当树干粗到一定程度后，便对植株进行深剪，这样在小庭院中也能尽情欣赏

桃

月	1	2	3	4	5	6	7	8	9	10	11	12
花　　期			▬	▬								
花芽形成							▬	▬				
修　　剪	▬	▬	▬									
种　　植		▬	▬								▬	▬

●桃的修整●

通常，桃树指的是可采摘果实的树木，而果实小、无法食用，但能观赏到美丽花朵的桃树，在日本人们称之为"花桃"，是 3 月女儿节不可缺少的花树。桃品种繁多，适合用作庭院观赏树。

●栽培要点

桃在背阴处几乎不会生长，也得避免与其他树木混植。

适合种在日照条件好、排水性强的肥沃土地，喜欢略干燥的土壤。

种植的适宜时期为 11—12 月和 2 月至 3 月上旬，日本东北地方以北则适合在春季种植。

种植时通常用的是 1~2 年生的嫁接苗，但桃树属于短期生长型，树龄很短，大树最好避免移栽。

种植后的第 2~3 年开始开花，此后每年都会开花。

施肥：1—2 月施寒肥、花后施礼肥以及 9 月施追肥，这样分次少量施加效果很好。把油粕与颗粒状化成复合肥料等量混合后，在根部周围撒 1~3 把即可。

病虫害有蚜虫、苹果透翅蛾的幼虫、介壳虫、白粉病等。在花后的 4—9 月，需定期喷洒药剂。另外，1—2 月喷洒 2、3 次石灰硫黄合剂有一定的预防效果。

●开花习性

与梅一样，当年生枝条发育饱满后，将在 6 月下旬至 8 月上旬形成花芽。

●修剪技巧

适合在 12 月至次年 2 月的落叶期或刚开完花的时候进行修剪。桃树的长势不如梅树，随着树龄的增长，得避免深剪。此外，切口要涂上保护剂。

12 月至次年 2 月的状态

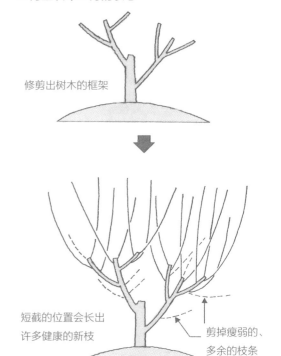

修剪出树木的框架

短截的位置会长出许多健康的新枝

剪掉瘦弱的、多余的枝条

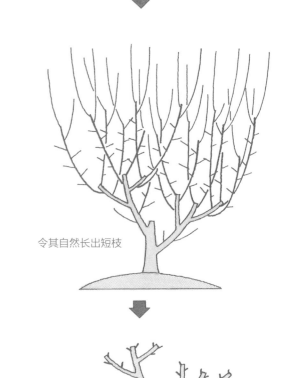

令其自然长出短枝

等变成三年生枝条后，上面会长出许多有花芽的短枝，开花时从根部剪断

重复这一操作

●花芽的形成方式●

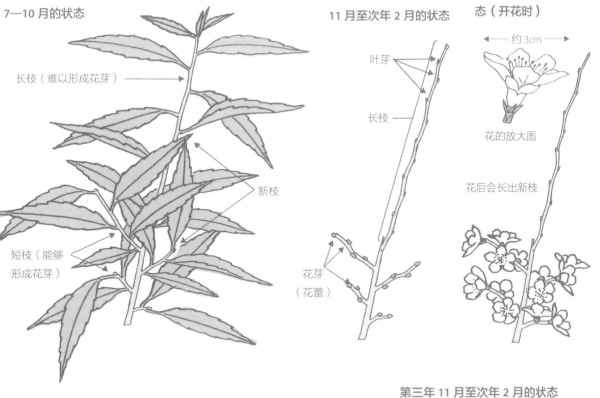

7—10月的状态

长枝（难以形成花芽）

新枝

短枝（能够
形成花芽）

11月至次年2月的状态

叶芽

长枝

花芽
（花蕾）

**第二年3—4月的状
态（开花时）**

约3cm

花的放大图

花后会长出新枝

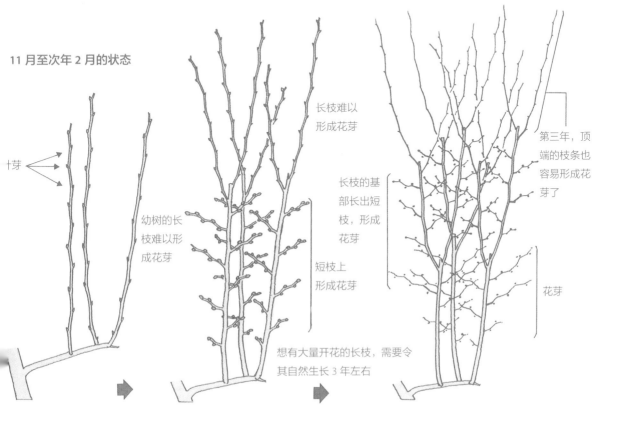

第三年11月至次年2月的状态

第二年11月至次年2月的状态

11月至次年2月的状态

叶芽

幼树的长
枝难以形
成花芽

长枝难以
形成花芽

短枝上
形成花芽

想有大量开花的长枝，需要令
其自然生长3年左右

长枝的基
部长出短
枝，形成
花芽

第三年，顶
端的枝条也
容易形成花
芽了

花芽

45

蔷薇科 ●半常绿、落叶阔叶灌木 ●花期 5—10 月

月季

月	1	2	3	4	5	6	7	8	9	10	11	12
花　期					▬				▬			
花芽形成				▬								
修　剪	▬						▬					
种　植		▬									▬	

花朵俏丽的月季，有 100 多个品种分布在北半球的温带至亚寒带地区，日本也发现了 10 多个野生品种，培育出了大花型、群开型、四季开花型等大量园艺品种。可根据种植场所来进行挑选。

● 栽培要点

月季需种在日照、通风良好的位置，适合使用富含腐殖质、肥沃的偏黏土质土壤，加强排水性、把土堆高些是栽培的关键。在背阴处几乎不会开花。

种植适宜时期为 11 月中旬至次年 2 月，而日本东京以西的地区需在 12 月内种完。

12 月下旬至次年 2 月进行中耕时，把完熟堆肥、完熟鸡粪及少量石灰铺在植株根部周围。4 月上旬、6 月下旬、9 月上旬时，把油粕与颗粒状化成复合肥料的等量混合物撒在根部周围，每株植物撒 3、4 把即可。

4—10 月，约每隔 20 天喷洒一次杀虫剂、杀菌剂，12 月至次年 2 月上旬，喷洒 2、3 次石灰硫黄合剂。

● 开花习性

关于四季开花型品种，上年生枝条上长出的新枝，其枝梢定会开出花朵，待花开败后，枝条又会长出新枝，再开出花朵。这一过程将重复 3 次，而单季开花的品种只会开一次花。

● 修剪技巧

月季萌芽较早，需在 12 月下旬至次年 1 月下旬完成基本的修剪。冬季也可以进行大幅度深剪。

此外，在 5 月到初秋期间，需把开花枝条剪去 1/3~1/2 的长度，好让新枝依次长出。

● 修剪 ●

12 月至次年 2 月上旬（降雪地区在 11 月或次年 4 月）

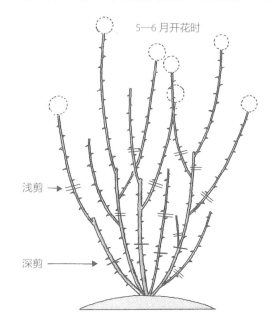

5—6 月开花时

浅剪

深剪

深剪后

浅剪后

● 藤本月季的栽培方式 ●

6—7 月
购买与种植新苗

芽接新苗上市

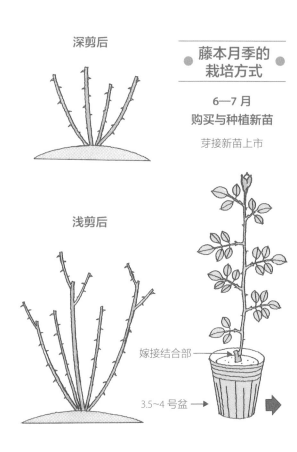

嫁接结合部

3.5~4 号盆

●开花方式●　　　　　　　　　　　　　　　●花后修剪●

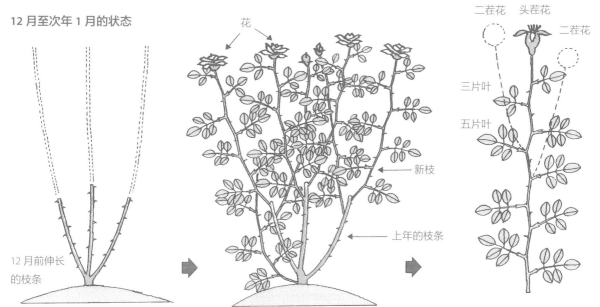

次年 5—7 月的状态（开花）

12 月至次年 1 月的状态

花

新枝

上年的枝条

12 月前伸长的枝条

二茬花　头茬花　二茬花

三片叶

五片叶

进行花后修剪时，三片叶或五片叶剪去 1 片小叶即可

第二年 5—6 月的状态（开花）

欣赏了 5 年长藤条上的花朵后（看了 4 次花），便在冬季把藤条整根剪掉，以使藤条重获活力

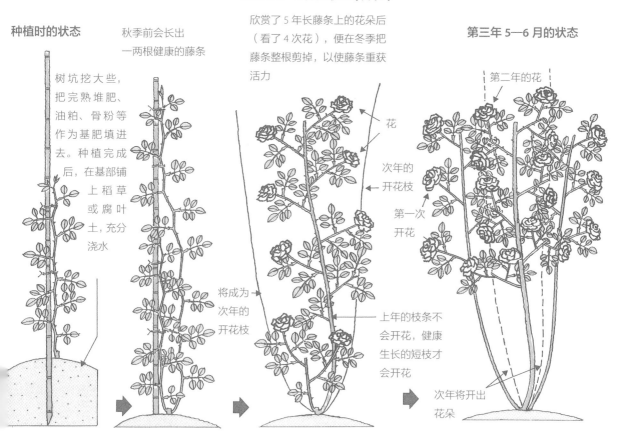

种植时的状态

秋季前会长出一两根健康的藤条

树坑挖大些，把完熟堆肥、油粕、骨粉等作为基肥填进去。种植完成后，在基部铺上稻草或腐叶土，充分浇水

花

次年的开花枝

第一次开花

将成为次年的开花枝

上年的枝条不会开花，健康生长的短枝才会开花

第三年 5—6 月的状态

第二年的花

次年将开出花朵

47

薔薇科 ●落叶阔叶灌木 ●花期 1—4 月

皱皮木瓜

月	1	2	3	4	5	6	7	8	9	10	11	12
花　　期	▬▬▬▬▬▬▬▬▬											
花芽形成					▬▬▬▬▬▬							
修　　剪										▬▬▬▬		
种　　植										▬▬▬		

皱皮木瓜的原产地是我国，园艺品种多不胜数，花色有鲜红色、白色、红白相间色，花瓣分单瓣、重瓣等，您可以选择自己喜欢的品种栽培。

●栽培要点

皱皮木瓜长势旺盛，不怎么挑土质，但最好选择日照条件好、排水性强的肥沃土地种植。

种植和移栽适宜在秋季进行，日本东京附近的地区则应在 9 月中旬至 11 月。

在春季种植，植株容易患根癌病，根部的切口会形成瘤，致使细根停止生长。如果实在想于春季种植，就得为根部消毒，同时仅用赤土或鹿沼土进行种植，到了秋季再重新种植。

种植完成后，在夏季明显干燥、花芽难以形成的时候，尤其要做好保护工作，在根部周围铺上足够的稻草等物。

1—2 月施寒肥时，把鸡粪和油粕撒在根部周围，在花后和 9 月分别施一次追肥，将油粕与颗粒状化成复合肥料的等量混合物在每棵植株的基部撒 2~3 把即可。

病虫害有初夏时节的蚜虫、赤星病、天牛幼虫等，需要定期喷洒药剂。

●开花习性

花芽会在当年生枝条上形成，但长枝条几乎没有花芽，只有基部的短枝条才有。有时，2~4 年生的枝条上也会形成花芽。

●修剪技巧

修剪在 9 月下旬至 11 月进行。这时花芽也清晰可辨，检查芽点后，短截长枝条并保留几个芽点。

●树　形●

横张型

剪去明显的竖枝条

直立型

剪去竖枝条和明显横向生长的枝条

矮生型

（日本木瓜"长寿梅"）

剪短竖枝条

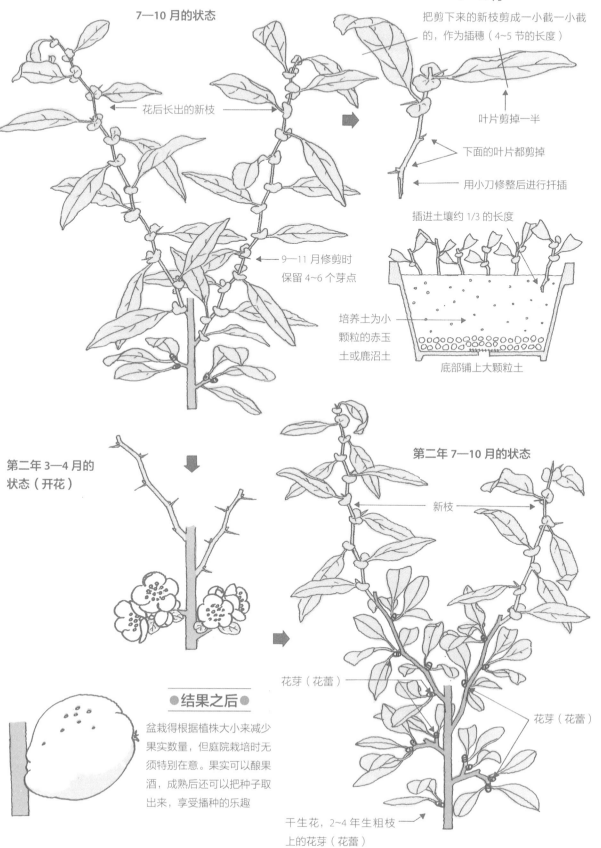

●开花方式与修剪方法●

7—10 月的状态

← 花后长出的新枝

← 9—11 月修剪时
保留 4~6 个芽点

●扦插●

9—10 月

把剪下来的新枝剪成一小截一小截的，作为插穗（4~5 节的长度）

叶片剪掉一半

下面的叶片都剪掉

用小刀修整后进行扦插

插进土壤约 1/3 的长度

培养土为小颗粒的赤玉土或鹿沼土

底部铺上大颗粒土

第二年 3—4 月的状态（开花）

第二年 7—10 月的状态

新枝

花芽（花蕾）

花芽（花蕾）

●结果之后●

盆栽得根据植株大小来减少果实数量，但庭院栽培时无须特别在意。果实可以酿果酒，成熟后还可以把种子取出来，享受播种的乐趣

干生花，2~4 年生粗枝上的花芽（花蕾）

牡丹

月	1	2	3	4	5	6	7	8	9	10	11	12
花　　期	寒牡丹			▬	▬							
花芽形成						▬	▬	▬				
修　　剪	▬	▬									▬	▬
种　　植									▬	▬	▬	

虽然牡丹的原产地是我国的西北部，但 1000 多年前日本便引进牡丹用作药用植物，并从很久以前就开始培育园艺品种。

●栽培要点

牡丹适合种于日照条件好、排水性强、富含腐殖质、偏黏土质的肥沃土壤，最好能稍微避开夏季的烈日。理想的种植地形是地面向东至东南略微倾斜。

种植的适宜时期为 9 月下旬至 11 月上旬。把土堆高些，种植完成后，将稻草和完熟堆肥铺在植株基部。

1—2 月施寒肥时，在根部周围挖一圈土沟，将干燥鸡粪、完熟堆肥等有机物质填进去，在花期刚结束、8 月下旬至 9 月上旬时，根据植株的大小，把油粕与骨粉的等量混合物在基部撒 1~3 把即可。

牡丹很少出现害虫，从花后到 9 月期间，每月需喷洒一次杀菌剂以预防疾病。

●开花习性

不仅是开花的枝条，即使没有开花，饱满新枝的顶部也会在 6 月下旬至 8 月上旬形成花芽。

这些花芽将在次年 4 月开始萌发，5 月顶部花朵开放，因此新枝需要悉心呵护。

●修剪技巧

整枝于 11—12 月或次年 1 月中旬至 2 月进行，剪掉没有花芽的小枝和多余枝条即可。

若想降低株高，需在 5 月中下旬进行摘芽，仅保留新枝叶腋的芽和希望发育成花芽的芽。

●花芽的形成方式●

自然状态

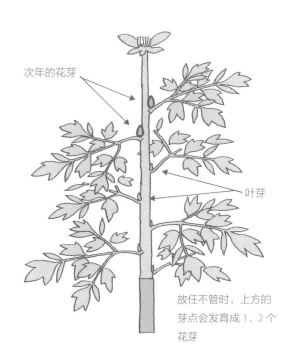

次年的花芽

叶芽

放任不管时，上方的芽点会发育成 1、2 个花芽

想降低株高时

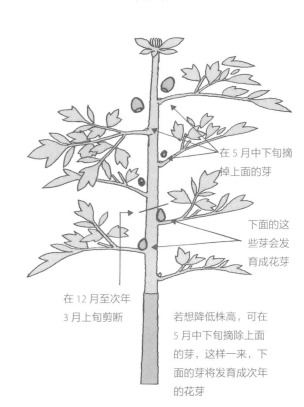

在 5 月中下旬摘掉上面的芽

下面的这些芽会发育成花芽

在 12 月至次年 3 月上旬剪断

若想降低株高，可在 5 月中下旬摘除上面的芽，这样一来，下面的芽将发育成次年的花芽

●苗木的种植●

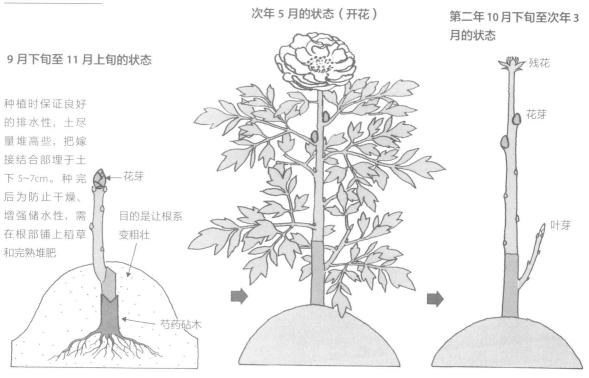

次年 5 月的状态（开花）

第二年 10 月下旬至次年 3 月的状态

9 月下旬至 11 月上旬的状态

种植时保证良好的排水性，土尽量堆高些，把嫁接结合部埋于土下 5~7cm。种完后为防止干燥、增强储水性，需在根部铺上稻草和完熟堆肥

花芽

目的是让根系变粗壮

芍药砧木

残花

花芽

叶芽

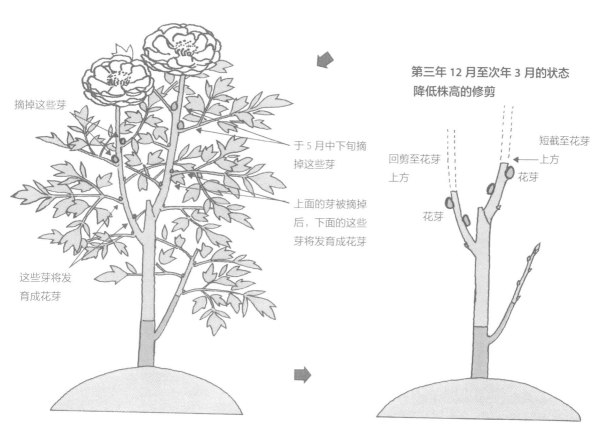

第三年 5 月的状态（开花）

摘掉这些芽

于 5 月中下旬摘掉这些芽

上面的芽被摘掉后，下面的这些芽将发育成花芽

这些芽将发育成花芽

**第三年 12 月至次年 3 月的状态
降低株高的修剪**

回剪至花芽上方

短截至花芽上方

花芽

花芽

日本金缕梅、檵木

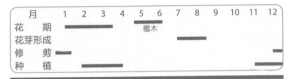

月	1	2	3	4	5	6	7	8	9	10	11	12
花　　期					檵木							
花芽形成												
修　　剪												
种　　植												

日本金缕梅是分布在日本本州至九州山地间的花树。其一大特征是花瓣长得细长（宽约2mm，长约2cm），花朵在长叶前绽放。最近，日本用我国原产的金缕梅来培育杂交种，诞生了众多园艺品种。

檵木为常绿性的，与日本金缕梅不同属，5—6月时会开出淡米色的花朵，像日本金缕梅的花。

●栽培要点

它们长势旺盛，适合日照条件好、排水性强的地方，但在略微背阴的地方也能茁壮生长，开出花朵。不怎么挑土质，但偏好富含腐殖质的肥沃土壤，单独种植效果更好。

它们适合在11月下旬至12月、2月下旬至花期结束前种植。但檵木得在东京樱花凋谢后至花期前（檵木）进行种植。

施肥在花后和9月进行，将油粕与颗粒状化成复合肥料的等量混合物撒在根部周围，1~3把即可。几乎没什么病虫害。

●开花习性

日本金缕梅和檵木都是在当年的饱满短枝的叶腋处形成花芽,而健康的长枝上几乎没有花芽,偶尔也只在基部才有。

●修剪技巧

在宽敞的庭院里，自然生长的植株固然好看，却也不能让枝条胡乱生长，因此修剪必不可少。对于没有花芽的长枝条，得避免在中间下刀；多余枝条必须整根剪掉；尽量维持自然的形状。

檵木，由于枝条不怎么粗壮，把枝条修剪成适合树形的长度也没什么影响。

●树　形

15~20 年树龄的檵木

即使放任不管，植株基本上也会长成枝条密集的球形

十几年树龄的日本金缕梅

树干挺立，长成了大型植株。进行修整时，剪去徒长枝即可

●开花方式●

檵木

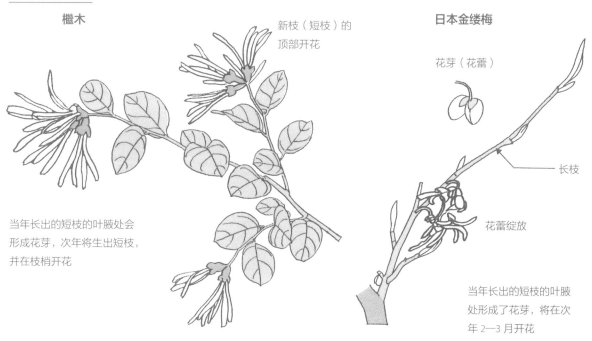

新枝（短枝）的顶部开花

日本金缕梅

花芽（花蕾）

长枝

花蕾绽放

当年长出的短枝的叶腋处会形成花芽，次年将生出短枝，并在枝梢开花

当年长出的短枝的叶腋处形成了花芽，将在次年 2—3 月开花

●处理徒长枝●

5—6 月的状态（开花）

檵木的花开在短枝的顶部；徒长枝不会开花，需在秋季或春季整根剪掉，或修剪时保留几个芽点；剪断的枝条可用作插穗

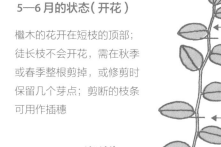

徒长枝可在 7 月至 8 月上旬用作插穗

插穗的长度为 5~6 节

花苞

徒长枝在秋季或春季整根剪掉，或修剪时保留几个芽点

●扦插方式●

7 月至 8 月上旬

保留 2 枚叶片，下面的叶片全部摘除

叶片刚相触的间距即可

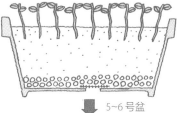

5~6 号盆

扦插 3~4 年的树苗

高度长到了 30~40cm，足以欣赏花朵

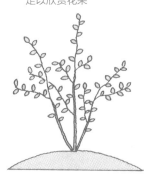

木槿

月	1	2	3	4	5	6	7	8	9	10	11	12
花　　期							▬	▬	▬	▬		
花芽形成					▬	▬	▬					
修　　剪	▬	▬	▬								▬	▬
种　　植		▬	▬	▬							▬	▬

木槿的原产地为我国，在日本于北海道南部至四国、九州等地广泛种植，在温暖地区木槿几乎是半野生状态。而在东京附近，它能从少花的夏季一直开到初秋，因此常被用作树篱、庭院观赏树。

此外，木槿是锦葵科中耐寒性最强的，可以说它是一种长势旺盛、容易栽培的花树，甚至在北海道南部也能看到大棵的植株。

●栽培要点

木槿喜欢干燥，如果日照条件好、排水性强，在略微贫瘠的土地上也能健康成长。

春季适宜在2月至4月中旬种植，但要尽量避免种植过晚。秋季则在花后至12月种植。

虽说木槿在贫瘠的土地里也能生长，但丰富的养料能让它发育得更苗壮，开出大量的花朵。

1—2月，在植株的根部周围挖一圈土沟，用铲子将完熟堆肥和干燥鸡粪等填入1~2铲即可。

关于病虫害，萌芽时期会出现蚜虫，6—8月根部附近会出现天牛幼虫，因此需要注意。定期喷洒杀虫剂，努力做好预防。

●开花习性

许多花树都是在上年生枝条上形成花芽，但木槿是在春季长出的新枝上形成花芽，从下往上依次开花。不过，背阴和高湿度环境会明显阻碍其生长，减少开花量，因此需要注意。

●修剪技巧

叶片掉光后再整枝便不会对植株产生影响，在12月至次年3月上旬进行修剪。

通常情况下会对今年伸长的部分进行短截，但如果植株自然生长了一段时间，那么只短截至目标部位即可。

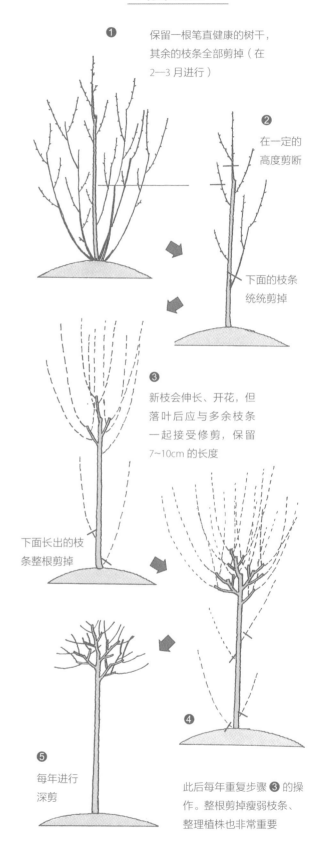

●标准造型⊖●

❶ 保留一根笔直健康的树干，其余的枝条全部剪掉（在2—3月进行）

❷ 在一定的高度剪断

下面的枝条统统剪掉

❸ 新枝会伸长、开花，但落叶后应与多余枝条一起接受修剪，保留7~10cm的长度

下面长出的枝条整根剪掉

❹

❺ 每年进行深剪

此后每年重复步骤❸的操作。整根剪掉瘦弱枝条、整理植株也非常重要

⊖ 标准造型指一种修剪方式，即将植株修剪成一枝独秀型（保留笔直的主干），而顶端保留叶片，看上去就像一把伞。　——译注

●开花方式与修剪方法●

12 月至次年 2 月的状态

残花

第二年 2—3 月的状态（修剪后）

花朵会开在新枝的叶腋处，所以冬季也可以深剪

第二年 8—9 月的状态（开花）

新枝

花

修剪时保留一点上年的枝条，该处便能生出 2、3 根健康的新枝，并开出花朵

8—9 月的状态

放任不管时，会长出 3~5 根树干。花朵长在新枝的叶腋处，从下往上依次开花

枝条的放大图

花蕾

花

新枝

上年的枝条

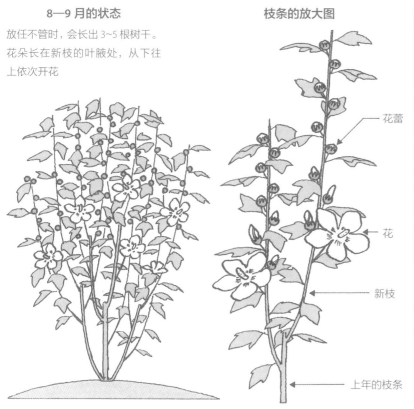

植株自然生长 4~5 年后的状态

自然生长 4~5 年的植株或只做了 1 年管理的植株，会长成丛生状。按照新的目标进行整形修剪和短截即可。

紫玉兰、日本辛夷、天女花

月	1	2	3	4	5	6	7	8	9	10	11	12
花　　期					天女木兰							
花芽形成												
修　　剪												
种　　植												

说起紫玉兰，大家往往会想到"早春之花"，可在早春开放的其实是玉兰，日本辛夷、紫玉兰、二乔玉兰等品种在进入 4 月后才开花，天女花和日本厚朴等品种则在 5—6 月开花。

日本辛夷会被称为早春之花，是因为在北方的 4 月下旬至 5 月中旬，它比其他花树更早开花。而在平原地带，它与皱皮木瓜、连翘等植物同时开花。

● 栽培要点

它们长势旺盛，不怎么挑土质，但最好选择日照条件好、排水性强、富含腐殖质的肥沃土地种植。

种植适宜在春季的 2 月至 4 月上旬进行，但 12 月的初冬期间也能种植。

植株没有什么特殊的造型，即使放任不管，树形也整齐优美。

种植后也无须特别操心管理，只需在 2 月和 9 月进行施肥。肥料适合用油粕、骨粉、颗粒状化成复合肥料、鸡粪等。在根部周围撒 2~3 把即可。

几乎没什么病虫害。

● 开花习性

除了日本辛夷，其他品种都是从幼树时期开始开花。日本辛夷需要好几年才能开花，而且还是隔年开花。

只要不是严重背阴环境，植株就能开出不少花朵，但错误的修剪方法可能使植株无法开花。

● 修剪技巧

木兰类植物的花芽会在枝梢形成，所以得避免修剪枝梢，只剪掉徒长枝即可。

修剪本应在冬季进行，但有些人遭遇了冬季修剪失败的情况，因此建议在花后及时修剪。

当植株超过必要的高度后，需要在花后进行深剪，以促进树形的更新。

【日本辛夷、紫玉兰、玉兰等】

12 月至次年 3 月的状态

花芽在短枝的顶部形成。长长的徒长枝整根剪掉或修剪时保留 3~5 个芽点

花朵在长叶片前绽放

第二年 3—4 月的状态（开花）

第二年 6—11 月的状态

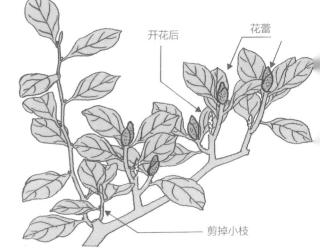

开花后
花蕾
剪掉小枝

●开花方式与修剪方法●

【天女花】

12 月至次年 3 月的状态

花芽会先长出一点新枝，并在枝梢开出花朵

花芽

徒长枝

修剪时保留 3~5 个芽点，或整根剪掉

花芽在短枝的顶部形成

第二年 5—6 月的状态（开花）

■不算大型植株，适合在小庭院种植
■切口必须涂上保护剂，做好保护

次年的花芽

长出了一点新枝，开出了花朵

花芽

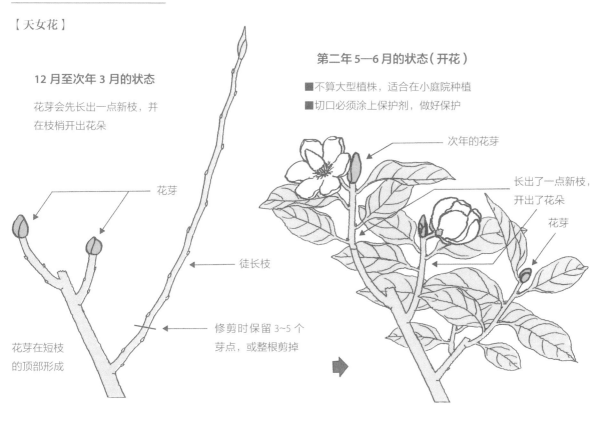

【日本厚朴】
12 月至次年 3 月的状态

花芽

伸长的枝条上不会形成花芽

短而粗壮的饱满枝条才会形成花芽

第二年 5—6 月的状态（开花）

长出了一点新枝，开出了花朵

■日本厚朴是一种越长越大的树木，不长到一定大小就开不了花，因此不适合在小庭院种植
■日本厚朴不适合深剪，但需要修剪的地方最好整枝剪掉
■必须在切口上涂保护剂

含笑花

月	1	2	3	4	5	6	7	8	9	10	11	12
花 期					▬	▬						
花芽形成								▬				
修 剪			▬	▬	▬					▬	▬	
种 植				▬	▬							

●开花方式与修剪方法●

3—4 月的状态 新枝的叶腋处形成花芽（花蕾），发育为开花枝

花芽又圆又大

5—6 月时会开出直径约 3cm 的芳香花朵

叶芽

花芽（花蕾）

小型树木需要一边检查花芽，一边把枝条一根根剪断，因此可在 3—4 月进行修剪

花芽

叶芽小小的

去年的枝条

7 月后的状态 徒长枝不会形成花芽（花蕾）

叶芽

10—11 月把多余的枝条整根剪掉，或修剪时保留 3~5 个芽点

果实 成熟后会露出红色的种子

●树　形●

自然树形（最普遍的造型）

椭球造型　　标准造型

（也可以修剪成这些造型）

含笑花的原产地为我国南部，花特别好闻，别名也叫香蕉花。

●栽培要点

含笑花不喜欢寒冷，适合种在日本关东以西的温暖地区。

含笑花得种植在日照条件好、排水性强的地方，但强风会明显伤害叶片，应种在避风的位置。

在东京附近的地区，适合在 5 月上中旬种植，温暖地区则应在 3 月下旬至 4 月。

种植完成后，根据植株的大小，于 2—3 月和 8 月下旬将油粕与颗粒状化成复合肥料的等量混合物撒在植株根部周围。

●开花习性

花芽会在当年生新枝的叶腋处形成，但健康的徒长枝难以形成花芽。

●修剪技巧

在 2 月至 3 月上旬，把没有花芽的徒长枝整根剪掉，或修剪时保留 3~5 个芽点。树冠内部的小枝要尽早剪掉，以加强内部的通风与采光。

夹竹桃

月	1	2	3	4	5	6	7	8	9	10	11	12
花　　期							━━	━━	━━			
花芽形成						━━	━━	━━				
修　　剪	━━	━━	━━	━━						━━	━━	━━
种　　植					━		━━	━━	━━			

含笑花、夹竹桃

●修剪方法●

5—9 月的状态

自然生长了几年的植株，长出了许多枝条，变成了大型植株

中等程度的修剪

深剪

把枝条减少至 3、4 根，对枝条进行深剪

10 月至次年 4 月，把枝条减少至 3~5 根，枝条稍微剪短点

●开花方式●

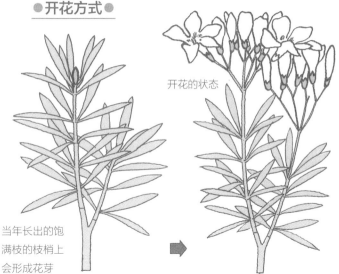

开花的状态

当年长出的饱满枝的枝梢上会形成花芽

夹竹桃通常开淡红色的花朵（直径 4~5cm），但也有红花、白花、重瓣的品种。花期较长，能从 7 月开到 9 月

在少花的夏季，不畏酷暑开花的夹竹桃随处可见。

●栽培要点

夹竹桃能在烈日下开花，因此良好的日照最为关键。另外，夹竹桃耐旱性也强，只要满足日照条件，土质略差也不影响生长。

适合在彻底转暖的 5 月或 7 月上旬至 9 月种植，不过在温暖地区可以提前种植。

种植完成后，只要土质不是特别恶劣，就无须施肥。春夏期间芽尖容易出现蚜虫，得喷洒杀虫剂进行驱除。

●开花习性

上年生枝条的顶部会形成花芽，但二茬花、三茬花的花芽会长在新枝上，不久便能开花。

●修剪技巧

枝条生长旺盛，花朵会开在枝梢，所以如果放任不管，树冠就会变大，整体显得乱糟糟的。修剪可在花后进行，但这会使次年的开花量变少。不过，从第二年或第三年开始便能恢复正常。

柽柳

月	1	2	3	4	5	6	7	8	9	10	11	12
花　　　期					▬		▬					
花芽形成					▬▬							
修　　　剪	▬▬▬										▬▬	
种　　　植			▬▬▬▬							▬▬		

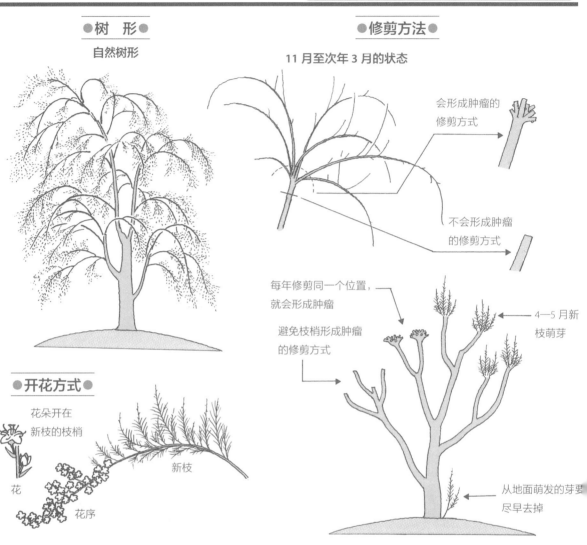

●树　形●

自然树形

●开花方式●

花朵开在
新枝的枝梢

花

花序

新枝

●修剪方法●

11 月至次年 3 月的状态

会形成肿瘤的
修剪方式

不会形成肿瘤
的修剪方式

每年修剪同一个位置，
就会形成肿瘤

避免枝梢形成肿瘤
的修剪方式

4—5 月新
枝萌芽

从地面萌发的芽要
尽早去掉

枝条纤细如线，细小的叶片长约 1mm。花朵也小巧玲珑，五片花瓣呈淡紫红色，在枝梢呈穗状密集开放，花序长 30~40cm。

●栽培要点

纤细的柽柳喜欢水，是少数适合生长在光照好的池畔、湿地的花树。但它并非离不开水，在一般的地方也能培育。

落叶期随时可以种植，而在日本东北地方以北的地区适合在春季种植。

长势旺盛，几乎没什么病虫害。在 2 月为庭院里的植株施肥时，将占总量 20% 的骨粉拌入油粕后，往根部周围撒 2~3 把即可。

●开花习性

花朵会聚集在新枝的枝梢，呈穗状开花。如果对粗壮的部分进行修剪，那么切口萌发的新枝不会开花。基本来说，2~3 年的枝条上长出的枝条比较容易开花。

●修剪技巧

修剪时没什么特别的讲究（比如得保留哪里、必须剪掉哪里），只要在落叶期按计划修剪就可以了。

茜草科 ● 常绿阔叶灌木 ● 花期 6—7 月

月	1	2	3	4	5	6	7	8	9	10	11	12
花 期						▬	▬					
花芽形成								▬	▬			
修 剪							▬	▬				
种 植			▬	▬	▬			▬	▬	▬		

栀子花

柽柳、栀子花

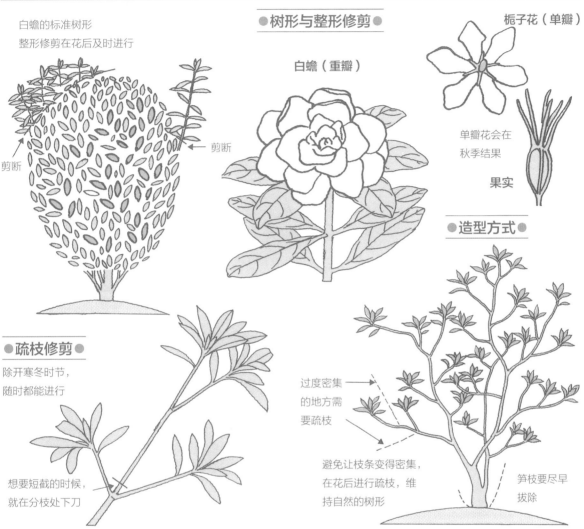

白蟾的标准树形
整形修剪在花后及时进行

剪断

剪断

●树形与整形修剪●

白蟾（重瓣）

剪断

栀子花（单瓣）

单瓣花会在
秋季结果

果实

●疏枝修剪●

除开寒冬时节，
随时都能进行

想要短截的时候，
就在分枝处下刀

●造型方式●

过度密集
的地方需
要疏枝

避免让枝条变得密集，
在花后进行疏枝，维
持自然的树形

笋枝要尽早
拔除

栀子花是一种香味浓郁的花树，果实也能当染料，为秋冬期间少花的庭院增添了色彩。

●栽培要点

特别讨厌寒冷和冬季的干燥冷风，因此得避开这样的环境。上午有日照就行了，但要避免使植株基部受到强光照射、变得干燥。适合种于富含腐殖质的土壤中。

栀子花讨厌寒冷，适宜在彻底转暖的 4 月下旬至 6 月上旬及 8 月下旬至 9 月种植，在温暖地区可以从 3 月开始种植。

2 月和 9 月时，把油粕与颗粒状化成复合肥

料的等量混合物在根部周围撒 2~3 把即可。

虫害有咖啡透翅天蛾的幼虫和介壳虫，需喷洒杀虫剂进行驱除。

●开花习性

开花时生出的新枝顶部会形成花芽，并于次年开花。但明显缺少日照或秋后进行深剪的植株，开花量都会变少。

●修剪技巧

在花后尽早进行。

月	1	2	3	4	5	6	7	8	9	10	11	12
花　期					▬	▬	▬					
花芽形成								▬	▬			
修　剪						▬	▬					
种　植	▬	▬	▬	▬							▬	▬

麻叶绣线菊、粉花绣线菊

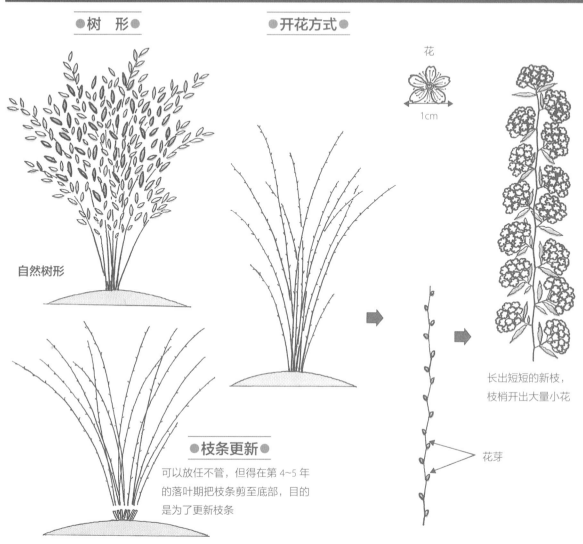

●树　形●

自然树形

●枝条更新●

可以放任不管，但得在第 4~5 年
的落叶期把枝条剪至底部，目的
是为了更新枝条

●开花方式●

花

1cm

长出短短的新枝，
枝梢开出大量小花

花芽

麻叶绣线菊的原产地是我国，粉花绣线菊则
广泛分布在中国、朝鲜、日本的北海道至九州等地。

●栽培要点

两个品种都长势旺盛，不怎么挑土质，但适
合生长于略微潮湿、日照条件好、富含腐殖质的
肥沃土地。

种植适宜在落叶期进行，比如 11—12 月和 2
月至 4 月上旬。

施肥在 1—2 月、花期刚结束和 8 月下旬进行，
把油粕与颗粒状化成复合肥料等量混合后，在根

部周围撒 1~2 把即可。

春夏期间新枝会受到蚜虫的侵害，定期喷洒
杀虫剂有一定的效果。

●开花习性

当年生新枝的叶腋处会形成花芽，这些花芽
将于次年萌发，生出一点新枝并开出花朵。粉花
绣线菊会在新枝伸长后开花。

●修剪技巧

为更新枝条，每隔 4~5 年在花后将枝条剪至
接近地表的位置。

野山楂

●树　形●

自然树形

剪掉徒长枝 →

地表容易长出砧木芽和
笋枝，需尽早拔除

●开花方式●

7—10 月的状态

徒长枝不会
形成花芽

短枝会形成
花芽

8—9 月的状态

12 月至次年
3 月的状态

叶芽

在 12 月
至次年
2 月时剪断

花芽

花芽

5 月的状态
（开花）

果实

　　5~10 朵白色小花成簇开放，花朵布满植株。
花后将结出果实，在秋季变红成熟。

　　山楂也被称作五月花，有许多园艺品种。

●栽培要点

　　野山楂长势旺盛，不怎么挑土质，但适合在
日照条件好、排水性强、富含腐殖质的肥沃土地
上栽培。

　　耐寒性强，可在 11 月下旬至 12 月及 2 月中
旬至 3 月中旬进行种植。

　　种植完成后，在 2 月和 9 月进行施肥，将占总
量 30% 的骨粉拌入油粕后，往根部周围撒 2~3 把

即可。

　　病虫害有白粉病、蚜虫、介壳虫等。需定期
喷洒药剂来防治。

●开花习性

　　花芽不会在徒长枝上形成，而是在基部的饱满
短枝上形成，萌芽后会长出一点新枝并开出花朵。

●修剪技巧

　　多余的枝条整根剪掉，或修剪时保留 5、6 个
芽点。整根剪掉树冠内部的细小枝条，以加强通
风、采光。

山茱萸

月	1	2	3	4	5	6	7	8	9	10	11	12
花 期			▬	▬							结果	
花芽形成							▬					
修 剪	▬		▬		▬							▬
种 植		▬	▬	▬								▬

●开花方式与修剪方法●

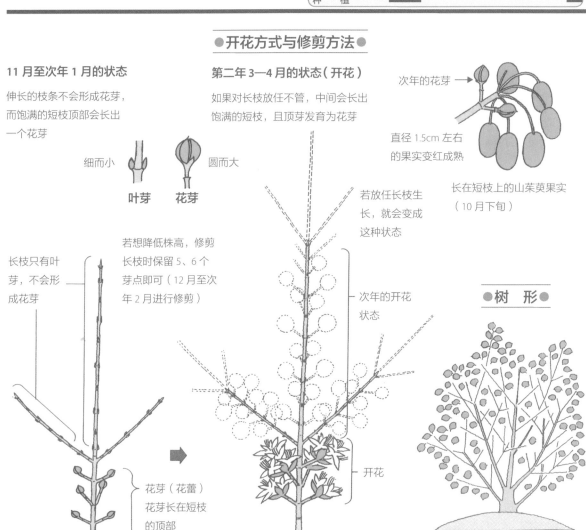

11 月至次年 1 月的状态

伸长的枝条不会形成花芽，而饱满的短枝顶部会长出一个花芽

细而小 **叶芽**　**花芽** 圆而大

长枝只有叶芽，不会形成花芽

若想降低株高，修剪长枝时保留 5、6 个芽点即可（12 月至次年 2 月进行修剪）

花芽（花蕾）花芽长在短枝的顶部

第二年 3—4 月的状态（开花）

如果对长枝放任不管，中间会长出饱满的短枝，且顶芽发育为花芽

若放任长枝生长，就会变成这种状态

次年的开花状态

开花

次年的花芽 →

直径 1.5cm 左右的果实变红成熟

长在短枝上的山茱萸果实（10 月下旬）

●树 形●

山茱萸是春季的代表性花树，花朵虽小，但金色的小花会开满枝条，所以别名也叫春金；因为秋季成熟的果实红彤彤的，又被称作秋珊瑚。

●栽培要点

山茱萸长势旺盛，适合种于日照条件好、排水性强、避开冬季寒风的肥沃土地，种在背阴处会使开花量变少。

除了严寒时期，种植可以在落叶期进行，在日本东京以北的地区适宜在 3 月下旬至 4 月进行。

施肥在花后和 9 月进行，将占总量 30% 的骨粉拌入油粕后，往根部周围撒 3 把左右即可。

●开花习性

顶部的枝条和徒长枝不会形成花芽，基部短枝的枝梢会形成一个花芽，于次年开花。

●修剪技巧

深剪不利于开花，适合每隔 4~5 年在花后进行，目的是更新树冠。12 月至次年 2 月间剪去没有花芽的徒长枝、从根部生出的笋枝，有花芽的短枝需要悉心呵护。

月	1	2	3	4	5	6	7	8	9	10	11	12
花　　期					▆▆							
花芽形成							▆▆					
修　　剪						▆▆				▆▆▆		
种　　植			▆▆▆▆▆▆▆						▆▆			

厚叶石斑木

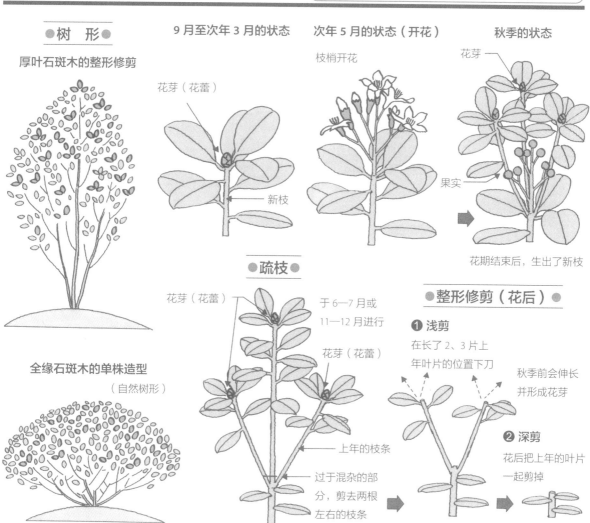

● 树 形 ●

厚叶石斑木的整形修剪

全缘石斑木的单株造型

（自然树形）

9月至次年3月的状态

花芽（花蕾）

新枝

次年5月的状态（开花）

枝梢开花

秋季的状态

花芽

果实

花期结束后，生出了新枝

● 疏枝 ●

花芽（花蕾）

于6—7月或
11—12月进行

花芽（花蕾）

上年的枝条

过于混杂的部
分，剪去两根
左右的枝条

● 整形修剪（花后）●

❶ 浅剪

在长了2、3片上
年叶片的位置下刀

秋季前会伸长
并形成花芽

❷ 深剪

花后把上年的叶片
一起剪掉

厚叶石斑木属于常绿树木，相比"花树"，更多时候被当作"观叶树"。全缘石斑木的开花性很好。

●栽培要点

厚叶石斑木适合种于日照条件好、排水性强的地方，耐风性极强。

暖地型植物，温暖地区的种植适宜时期为3月中旬，日本关东地方为4月中旬，关东地方以北则适合在5月。此外，9—10月也能种植。

种完后如果通风不佳，便会出现褐斑病、介壳虫等病虫害，定期喷洒药剂有一定的效果。

●开花习性

当年生新枝的枝梢上会形成花芽，饱满的短枝尤其容易形成花芽。

●修剪技巧

厚叶石斑木枝条长势强，也被当作观叶树种植，因此每年树形得整理2次，分别在6月下旬至7月以及10月下旬至12月进行。

全缘石斑木几乎不需要整枝，每年都能开出大量花朵。

山茱萸、厚叶石斑木

月	1	2	3	4	5	6	7	8	9	10	11	12
花 期			▬									
花芽形成								▬				
修 剪				▬								
种 植			▬					▬				

瑞香

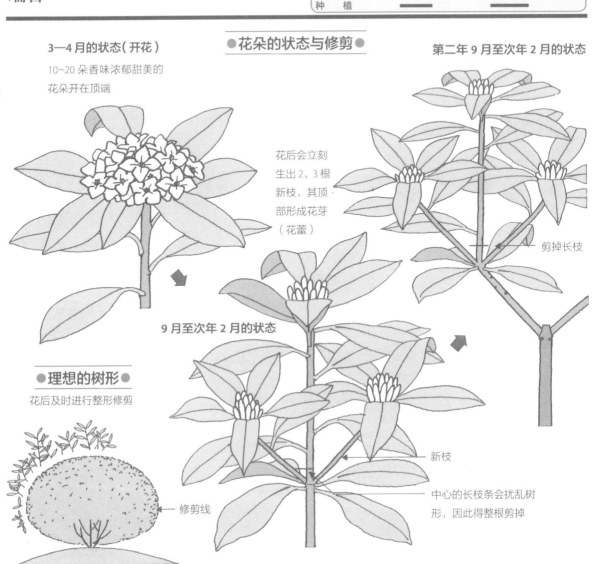

3—4月的状态（开花）
10~20朵香味浓郁甜美的花朵开在顶端

●**花朵的状态与修剪**●

花后会立刻生出2、3根新枝，其顶部形成花芽（花蕾）

第二年9月至次年2月的状态

剪掉长枝

9月至次年2月的状态

●**理想的树形**●
花后及时进行整形修剪

修剪线

新枝

中心的长枝条会扰乱树形，因此得整根剪掉

瑞香为雌雄异株，雌株在日本较为罕见。雌株、雄株的开花性都很好。

●**栽培要点**

瑞香为暖地型植物，种在日照条件好、排水性强、避风、温暖的地方即可。排水性不好会致使根部腐烂，因此需要注意。

根系属于直根系，所以大型植株特别不适合移栽。购买时得选择被稻草捆好根球的树苗或种在小盆里的幼苗。这些树苗可以在3月下旬至4月种植，也适合在8—9月种植。

种植完成后，于8月下旬和冬季施肥，将拌有等量颗粒状化成复合肥料或少量骨粉的油粕撒在植株基部，每棵植株撒两把左右。

●**开花习性**

花蕾会集中在花后生出的新枝顶部，于次年春季开花。

●**修剪技巧**

即使放任不管，树形也整齐优美，所以几乎不需要修剪。短截可在花后进行，稍微保留一点上年的枝条即可。

月	1	2	3	4	5	6	7	8	9	10	11	12
花　　　期					▬							
花芽形成							▬					
修　　　剪		▬										▬
种　　　植			▬									

备中荚蒾

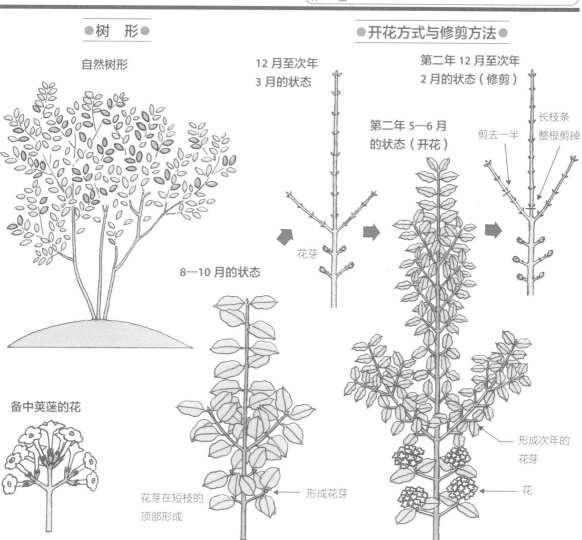

●树　形●

自然树形

备中荚蒾的花

8—10月的状态

花芽在短枝的顶部形成

●开花方式与修剪方法●

12月至次年3月的状态

花芽

第二年5—6月的状态（开花）

形成花芽

第二年12月至次年2月的状态（修剪）

剪去一半　　长枝条整根剪掉

形成次年的花芽

花

备中荚蒾与生长在山野中的荚蒾是同类，花朵白中泛红，许多香气淡雅的美丽小花聚成球状开花。

●栽培要点

在日照条件好的地方，花朵开得更鲜艳，但上午的阳光就足够满足植株生长需求了。得选择富含腐殖质、排水性强的肥沃土壤，并且在避风的位置种植。

可以在落叶期种植，在日本东京附近的地区适合于3月中旬种植。种植完成后，给根部铺上泥炭藓和腐叶土，以防止干燥。

施肥在2月和9月进行，将占总量30%~40%的骨粉拌入油粕后，往根部周围撒2~3把即可。害虫差不多只有天牛幼虫。

●开花习性

顶端的枝条会伸长，但上面不会形成花芽，基部短枝的顶芽则会变成花芽，于次年开花。

●修剪技巧

在12月至次年2月进行修剪，剪去徒长枝，对树冠内部的细枝进行疏枝即可。

台湾吊钟花

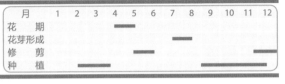

月	1	2	3	4	5	6	7	8	9	10	11	12
花　期				━	━							
花芽形成							━	━				
修　剪						━						
种　植			━	━					━	━	━	

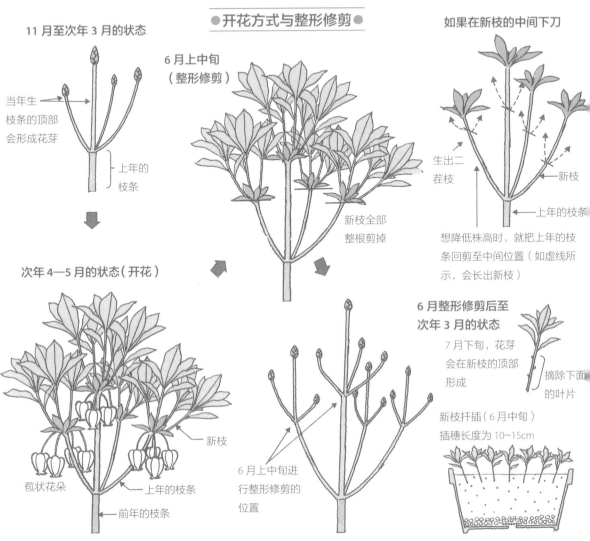

台湾吊钟花春季会开出白色的苞状小花。比起花，它修剪过后的树形和秋季红叶才是观赏的对象。

● 栽培要点

台湾吊钟花不怎么挑土质，但比较适合种于富含腐殖质的土壤中。日照条件好、排水性强可谓是开花和秋季红叶变美的条件。

它具有细根性，全年都可以种植，但最适合在 3 月种植。

种植完成后，施肥时得避免氮元素过量，将占总量 30%~40% 的骨粉拌入油粕，分别于 6 月和 9 月施在根部周围即可。

● 开花习性

花芽会在当年长出的饱满短枝的顶部形成。

● 修剪技巧

台湾吊钟花萌芽力强，对整形修剪的承受力强，经常被当作树篱或被修剪成球状造型。若想欣赏美丽的红叶，在日本关东得在 6 月上中旬完成整形修剪。在这一时期修剪有个好处，可以把剪下来的枝条用作插穗。待冬季红叶掉落后，再把植株修剪整齐。

蜡瓣花

月	1	2	3	4	5	6	7	8	9	10	11	12
花 期			■	■								
花芽形成							■	■				
修 剪	■	■		■								
种 植		■										■

●开花方式与修剪方法●

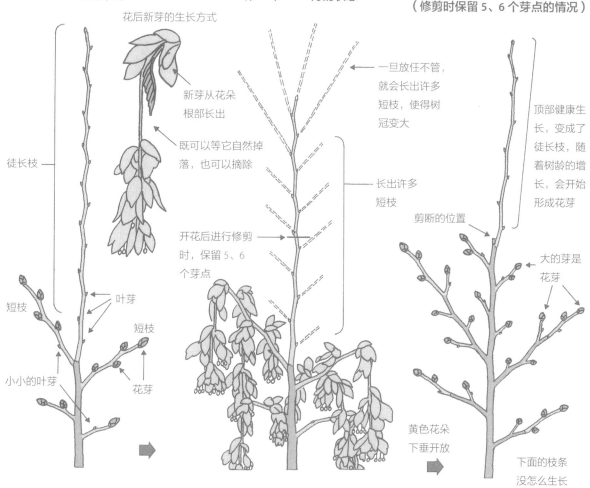

11 月至次年 2 月的状态

第二年 3—4 月的状态

第二年 11 月至次年 2 月的状态
（修剪时保留 5、6 个芽点的情况）

花后新芽的生长方式

新芽从花朵根部长出

既可以等它自然掉落，也可以摘除

徒长枝

短枝

叶芽

小小的叶芽

短枝

花芽

一旦放任不管，就会长出许多短枝，使得树冠变大

长出许多短枝

开花后进行修剪时，保留 5、6 个芽点

顶部健康生长，变成了徒长枝，随着树龄的增长，会开始形成花芽

剪断的位置

大的芽是花芽

黄色花朵下垂开放

下面的枝条没怎么生长

蜡瓣花是一种早春花树，在叶片生长前，五瓣花朵便七八成群地呈穗状下垂开放。与蜡瓣花相比，类似的少花蜡瓣花株型更小、细枝丛生。

●栽培要点

蜡瓣花长势旺盛，不怎么挑土质，但适合种于日照条件好、排水性强、富含腐殖质的肥沃土地。在稍微背阴的地方也能茁壮生长，开出花朵。

种植适合在落叶的 2 月下旬至 3 月中旬进行。

种植完成后，采用一般的管理方式即可，施肥在 9 月和冬季进行，将占总量 30% 的骨粉拌入油粕后，撒在根部周围即可。

●开花习性

花芽会在当年生新枝的叶腋处形成，于次年春季开花。不过，幼树的徒长枝没有花芽，而随着树龄的增长，长枝上也能形成不少花芽。

●修剪技巧

即使放任不管，树形也依然整齐，但还是得对长枝进行修剪。修剪适合在 1—2 月和花后进行。

月	1	2	3	4	5	6	7	8	9	10	11	12
花　　期							▬	▬	▬			
花芽形成						▬	▬					
修　　剪	▬	▬	▬									▬
种　　植		▬	▬									

胡枝子属植物

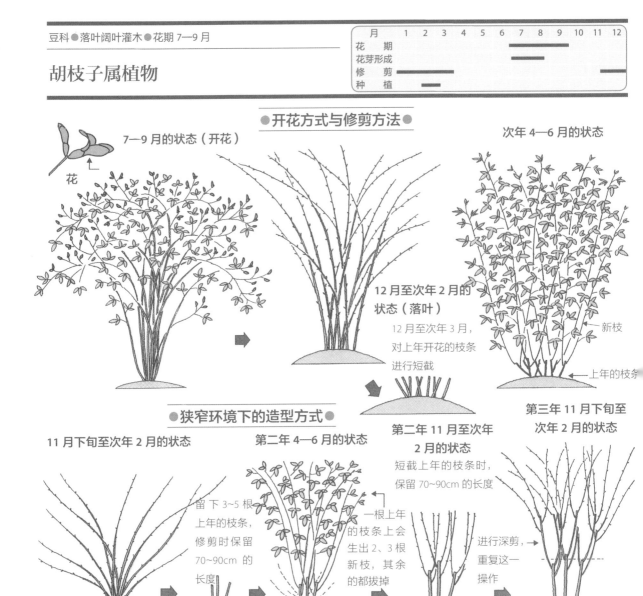

●开花方式与修剪方法●

花

7—9 月的状态（开花）

次年 4—6 月的状态

12 月至次年 2 月的
状态（落叶）

12 月至次年 3 月，
对上年开花的枝条
进行短截

新枝

上年的枝条

●狭窄环境下的造型方式●

11 月下旬至次年 2 月的状态

第二年 4—6 月的状态

第二年 11 月至次年
2 月的状态

第三年 11 月下旬至
次年 2 月的状态

留下 3~5 根
上年的枝条，
修剪时保留
70~90cm 的
长度

一根上年的
枝条上会
生出 2、3 根
新枝，其余
的都拔掉

短截上年的枝条时，
保留 70~90cm 的长度

进行深剪，
重复这一
操作

许多胡枝子属植物都自生于日本国内，以叶片小、细枝多的日本胡枝子为代表，还有胡枝子、白花胡枝子（ *Lespedeza thunbergii* var. *albiflora* ）、绿叶胡枝子、短梗胡枝子、胡枝子（ *Lespedeza homoloba* ）等品种，早的会在 6 月下旬开始开花。

●栽培要点

与根瘤菌共生可以说是豆科植物的特征，因此胡枝子属植物长势旺盛，甚至能在贫瘠的土地里健康生长。不过，在背阴处却并非如此了。它们适合种在日照条件好、排水性强、略干燥的地方。

通常在 2 月下旬至 3 月中旬种植，温暖地区可以提前种植，北方则应推迟种植。然而种植不及时容易对芽造成伤害，因此得多加注意。

施肥在 2 月下旬至 3 月上旬和 9 月进行，将占总量 20%~30% 的骨粉拌入油粕后，往根部周围撒 2~3 把即可。

●开花习性

花朵会开在当年生新枝的中间至枝梢位置。

●修剪技巧

在 12 月至次年 3 月，可以修剪任意位置。直接在地表剪断笋枝。做标准造型时，留下 2、3 根粗壮的枝条。

紫荆

月	1	2	3	4	5	6	7	8	9	10	11	12
花　　期				▬								
花芽形成							▬					
修　　剪	▬	▬								▬	▬	▬
种　　植			▬	▬							▬	▬

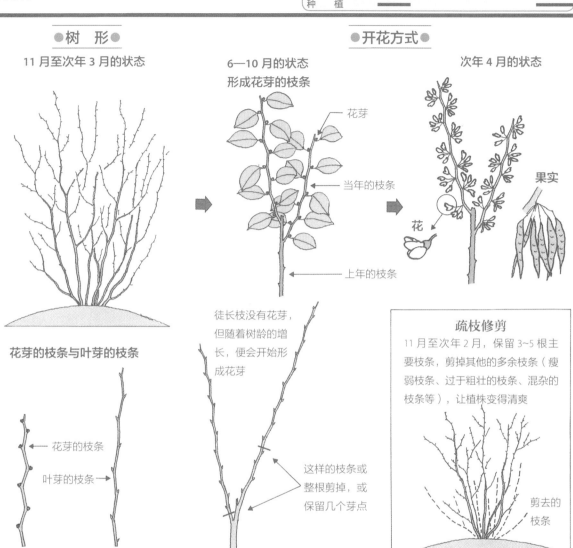

●树　形●

11 月至次年 3 月的状态

花芽的枝条与叶芽的枝条

← 花芽的枝条

← 叶芽的枝条

●开花方式●

6—10 月的状态
形成花芽的枝条

花芽

当年的枝条

上年的枝条

徒长枝没有花芽，但随着树龄的增长，便会开始形成花芽

这样的枝条或整根剪掉，或保留几个芽点

次年 4 月的状态

果实

花

疏枝修剪

11 月至次年 2 月，保留 3~5 根主要枝条，剪掉其他的多余枝条（瘦弱枝条、过于粗壮的枝条、混杂的枝条等），让植株变得清爽

剪去的枝条

蝴蝶形的花朵开满了整棵植株。开纯白色花朵的白花紫荆是紫荆的变型。加拿大紫荆则属于其他品种，是中乔木。

●栽培要点

紫荆长势旺盛，不怎么挑土质，但适合生长于日照条件好、排水性强、富含腐殖质的肥沃土地。

落叶期间可以种植，11—12 月、2 月下旬至 4 月中旬都是合适的时期。

施肥在 2 月下旬至 3 月上旬、9 月进行，将油粕与颗粒状化成复合肥料等量混合后，往根部周围撒 2 把即可。

●开花习性

花芽会在当年生短枝的叶腋处形成，但随着树龄的增长，顶部生出的长枝条也会开出花朵。花开得一年比一年好，每年都能开出大量花朵。

●修剪技巧

10 月后就能分辨出花芽了，因此在 10 月至次年 2 月修剪。剪去长枝条、混杂的枝条、树冠内部的细枝条，让枝条分布均匀一些。

红花七叶树

月	1	2	3	4	5	6	7	8	9	10	11	12
花　　期					▬							
花芽形成								▬				
修　　剪	▬	▬										▬
种　　植			▬	▬								▬

●开花方式与修剪方法●

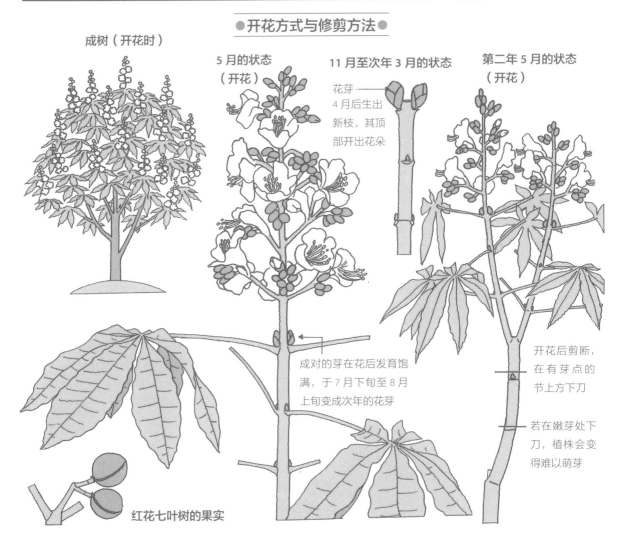

成树（开花时）

5 月的状态（开花）

11 月至次年 3 月的状态

花芽

4 月后生出新枝，其顶部开出花朵

第二年 5 月的状态（开花）

成对的芽在花后发育饱满，于 7 月下旬至 8 月上旬变成次年的花芽

开花后剪断，在有芽点的节上方下刀

若在嫩芽处下刀，植株会变得难以萌芽

红花七叶树的果实

红花七叶树为欧洲七叶树与北美红花七叶树的杂交种。5 月时，枝梢会开出许多朱红色的小花。

●栽培要点

红花七叶树不怎么挑土质，也具备耐寒性，多数地方都能种植，但更适合日照条件好、排水性强的肥沃土地。树冠会长得很大，种植时得考虑这点，事先腾出地方。

可在落叶期进行种植，但在寒冷地区得于春季种植。

种植完成后，将占总量 30% 的骨粉拌入油粕，于 2 月和 9 月往根部周围撒 3~4 把即可。

●开花习性

当年花后生出的新枝，其顶芽会发育出花芽，次年萌芽后于顶部生圆锥花序并开花。

●修剪技巧

由于顶芽会发育成花芽，所以得避免在冬季修剪枝梢，应在花期结束后修剪。即使放任不管，树形也依然整齐，没什么修剪的必要。如果实在需要修剪，也不能在枝条的中间下刀，一定要整根剪掉。

结香

月	1	2	3	4	5	6	7	8	9	10	11	12
花　　期			▬	▬								
花芽形成							▬	▬				
修　　剪	▬	▬										
种　　植		▬	▬	▬	▬						▬	

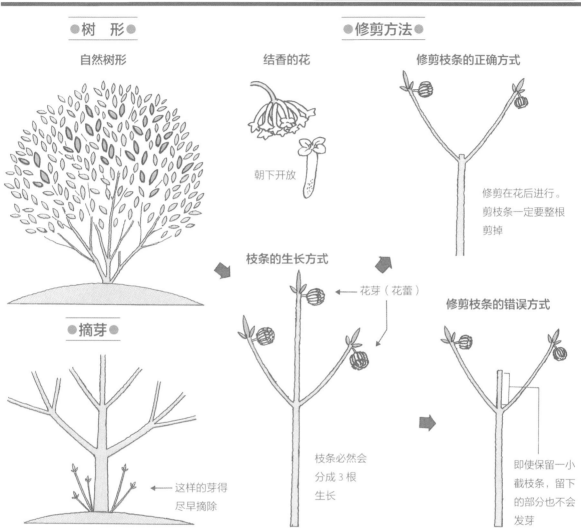

●树　形●

自然树形

●摘芽●

这样的芽得
尽早摘除

●修剪方法●

结香的花

朝下开放

枝条的生长方式

花芽（花蕾）

枝条必然会
分成 3 根
生长

修剪枝条的正确方式

修剪在花后进行。
剪枝条一定要整根
剪掉

修剪枝条的错误方式

即使保留一小
截枝条，留下
的部分也不会
发芽

　　结香的枝条经常三叉分枝，因此有了它的日文名字[一]。它作为和纸的原料而广为人知，花朵在枝梢呈蜂巢状开放。一般为黄花品种，也有红花的品种。

●栽培要点

　　结香原本是暖地型树木，因此尽量选择日照条件好、排水性强的避风位置种植。千万要避开潮湿的土地。

　　盆栽苗随时都能种植，包根苗则在 3 月种植。种植完成后，将占总量 20% 的骨粉拌入油粕，偶尔在根部周围撒 1~2 把即可。

　　害虫，有时会出现天牛幼虫。

●开花习性

　　当年生枝条的顶部附近会形成一个花芽，于次年 3—4 月开花。徒长枝不会形成花芽。

●修剪技巧

　　即使不特意修剪，树形也整齐美观，只要剪去从地表冒出的笋枝和树冠内部的细枝即可。

　　在 1—2 月修剪，枝条必须整根剪掉，避免在中间位置下刀。

　　⊖　结香的日文名直译为"三叉"。

珍珠绣线菊

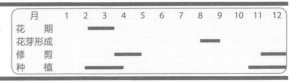

月	1	2	3	4	5	6	7	8	9	10	11	12
花　期		▬	▬									
花芽形成								▬				
修　剪			▬	▬								▬
种　植	▬	▬	▬								▬	▬

●树　形●

自然树形

即使放任不管，整体树形依然整齐

→ 这种扰乱树形的枝条需整根剪掉

整理枝条

■ 如果放任不管，就会长出许多枝条，变成大型植株

■ 在 10 月至次年 2 月拔除枝条，保留 3~5 根，让植株变得更清爽

拔除 →

●开花方式●

9—10 月的状态

花芽在叶腋处形成

12 月至次年 2 月的状态

花蕾　花芽 →

第二年 2—3 月的状态（开花）

花

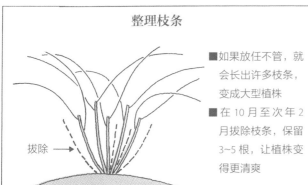

白色的五瓣小花 2~5 朵成簇开在纤细枝条的叶腋处，仿佛白雪覆盖了整棵植株，因此才有了珍珠绣线菊的日文名字[一]。

●栽培要点

珍珠绣线菊适合生长于日照条件好、排水性强、富含腐殖质的肥沃土地。把一棵珍珠绣线菊养大后，便能得到气派的植株。

种植的适宜时期为 11—12 月、2 月下旬至 4 月中旬。

施肥在 2 月和 9 月进行，将占总量 20%~30% 的骨粉拌入油粕后，往根部周围撒 1~2 把即可。

病虫害有蚜虫、介壳虫、白粉病等。需喷洒杀虫剂驱除害虫。

●开花习性

当年长出的纤细枝条的叶腋处会形成花芽，于次年春季略微生长后开花。徒长枝也能形成不少花芽。

●修剪技巧

避免在枝条的中间下刀，剪去 4~5 年的老枝、明显破坏树形的枝条即可。修剪在花后和 12 月进行，每隔 4~5 年修剪至地表一次，以更新枝条。

㊀ 珍珠绣线菊的日文名直译为"雪柳"。

欧丁香

月	1	2	3	4	5	6	7	8	9	10	11	12
花　　期				▬	▬							
花芽形成								▬				
修　　剪	▬	▬	▬									▬
种　　植		▬	▬								▬	

●树　形●

自然树形

嫁接树的砧木用的是水蜡树，容易长出水蜡树的芽，需要尽早拔除

从地表长出的枝条得尽早拔除

●整理外形●

花芽在枝梢形成，所以开花的位置会越来越远，偶尔需要深剪来调整树形

●开花方式与修剪方法●

12 月至次年 3 月的状态

花芽

第二年 4 月的状态（开花）

第二年 5—6 月的状态（花后修剪）

千万别在枝条中间下刀

枝条整根剪掉

深剪

第二年 12 月至次年 3 月的状态

花芽

欧丁香有许多园艺品种，花色也丰富多变，重瓣品种会在枝梢开出分量十足的花簇。同属的小叶巧玲花（也叫小叶丁香）是株高低于 1m 的小灌木，适合盆栽。

●栽培要点

欧丁香只要种在日照条件好、排水性强、富含腐殖质的肥沃土地，就不会对土质有其他要求。

在日本东京以西的地区，可以于秋季种植，寒冷地区建议在春季种植。

种植完成后，在 2 月下旬、花后及 9 月进行施肥，将占总量 30% 的骨粉拌入油粕，往根部周围撒 2~3 把即可。

●开花习性

花芽（花蕾）是当年生新枝的顶芽，次年这里将开出花朵。

●修剪技巧

到了叶片掉落的时候，就能清楚辨认出花芽（花蕾）了，待确认过后，再剪去多余枝条、树冠内部没有花蕾的细枝、砧木芽等。此外，在花朵即将绽放的时候，把它们剪下来插进花瓶里也是一种观赏方法。

连翘

月	1	2	3	4	5	6	7	8	9	10	11	12
花　期			▬	▬								
花芽形成							▬	▬				
修　剪				▬						▬		
种　植		▬	▬								▬	▬

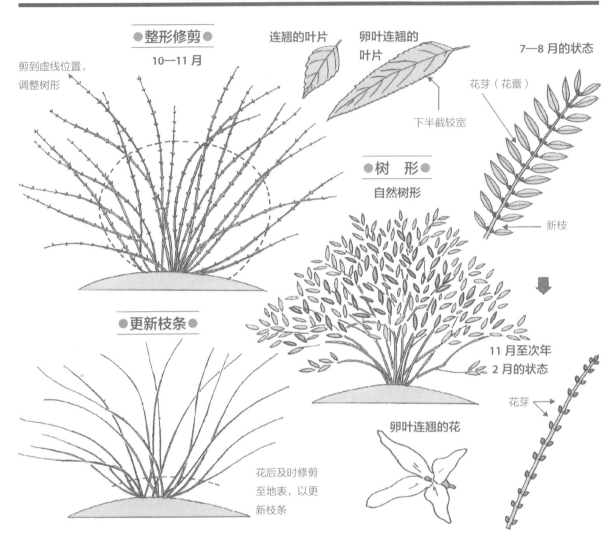

●整形修剪●
10—11 月

剪到虚线位置，调整树形

连翘的叶片

卵叶连翘的叶片

下半截较宽

7—8 月的状态

花芽（花蕾）

新枝

●树　形●
自然树形

●更新枝条●

花后及时修剪至地表，以更新枝条

11 月至次年 2 月的状态

花芽

卵叶连翘的花

连翘和种植率最高的卵叶连翘，原产地不是日本，但大和连翘（*Forsythia japonica*）自生于近畿地方。叶片生长前，鲜黄色的四深裂花朵开满枝条，是一种报春的花树。

●栽培要点

连翘长势旺盛，只要种在日照条件好、略干燥的土地里，就不怎么挑土质。不适宜种于背阴处。

从 11 月至次年 4 月中旬的落叶期，除了严寒时期，都适合种植。

施肥在花后和 9 月上旬进行，将占总量 20% 的骨粉与油粕混合后（或使用颗粒状化成复合肥料）撒在根部周围即可。

几乎没什么病虫害。

●开花习性

当年长出的纤细枝条的叶腋处会形成花芽，于次年春季略微生长后开花。徒长枝也能形成不少花芽。

●修剪技巧

修剪在花后及时进行，把老枝整根剪掉，对新枝悉心呵护。

每隔 4~5 年进行一次深剪，目的是更新枝条。

蜡梅

月	1	2	3	4	5	6	7	8	9	10	11	12
花　　期												
花芽形成												
修　　剪												
种　　植												

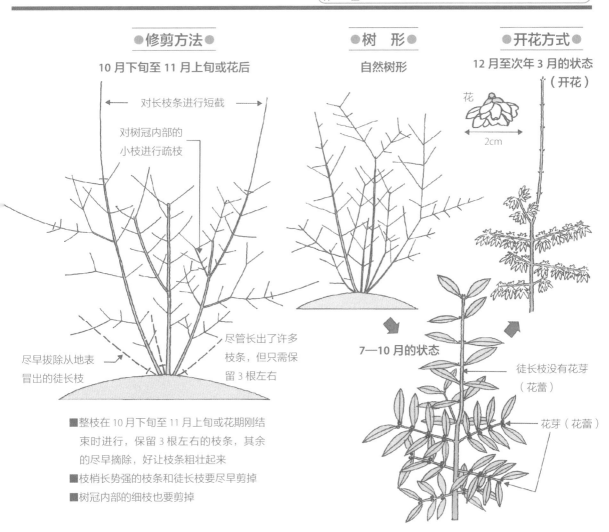

●修剪方法●

10 月下旬至 11 月上旬或花后

对长枝条进行短截

对树冠内部的
小枝进行疏枝

尽早拔除从地表
冒出的徒长枝

尽管长出了许多
枝条，但只需保
留 3 根左右

■整枝在 10 月下旬至 11 月上旬或花期刚结
束时进行，保留 3 根左右的枝条，其余
的尽早摘除，好让枝条粗壮起来
■枝梢长势强的枝条和徒长枝要尽早剪掉
■树冠内部的细枝也要剪掉

●树　形●

自然树形

●开花方式●

12 月至次年 3 月的状态
（开花）

花

2cm

7—10 月的状态

徒长枝没有花芽
（花蕾）

花芽（花蕾）

蜡梅在花朵稀少的年底至次年 3 月间开花，香气宜人，是近期的热门花树之一。

●栽培要点

虽然蜡梅生根能力强，但还是得选择日照条件好、排水性强、富含腐殖质的肥沃土地种植。

适合在落叶期种植，可是要避开 1—2 月上旬的严寒期。

种植完成后，幼苗需在 2 月下旬至 3 月上旬和 9 月进行施肥，将油粕与颗粒状化成复合肥料的等量混合物在根部周围撒两把左右即可。成株无须施肥。

●开花习性

顶部的枝条会健康生长，但不会形成花芽（花蕾），基部短枝的叶腋处会形成一对对的花芽，它们将在年底至次年 3 月开花。

●修剪技巧

没有花芽的长枝条，需在 10 月下旬至 11 月上旬进行修剪。会开花的长枝条，则每隔 3~4 年深剪一次，以更新枝条。

蔷薇科 ●落叶阔叶中乔木 ●果实成熟期 10—11 月

木瓜

月	1	2	3	4	5	6	7	8	9	10	11	12
果实成熟期										▬	▬	
花芽形成					开花			▬				
修 剪	▬	▬										▬
种 植		▬										

幼树的树形

枝条生长旺盛,
变成了直立的
树形

← 砧木芽和笋枝
尽早拔除

老树的树形

木瓜耐寒性强,会开出美丽的粉红色花朵。椭圆形的大果实变黄成熟后,散发出阵阵芳香。果实具药效,也可用来酿造果酒等。

相似的榅桲,其特征是花朵呈白色,叶片又大又绿,淡黄褐色的果实表面有一层茸毛。

两种都适合地栽和盆栽,果实除了酿果酒,还能糖腌或做成果汁等。

●栽培要点

木瓜不怎么挑土质,适合种于日照条件好、排水性强、富含腐殖质的肥沃土地。尽量单独种植,不要与其他树木挨着种。

适合在落叶期种植,寒冷地区则应在春季种植,但在日本东京以西的地区,11—12 月和 2—3 月是种植的适宜时期。

种植完成后,在 2 月和 9 月施肥,将骨粉(占总量 30%)与油粕的混合物(或颗粒状化成复合肥料)往根部周围撒 2~3 把即可。

木瓜很容易出现病虫害,如赤星病、黑斑病、蚜虫、介壳虫、食心虫、天牛幼虫等。有的食心虫会啃食新枝的芽尖,有的则会钻进果实中心部位。4—9 月,每月定期喷洒一次杀虫剂、杀菌剂,便能有一定的防治效果。

●开花习性

花芽会在基部的饱满短枝上形成,而不是在长枝上,并于来年春季开花。雌花、雄花的区别不大,但子房越大的花朵,结出的果实越好。花粉传播给其他植株后,结果量就更多了。相比单独种一棵,2、3 棵一起种有利于结出更多果实。

●修剪技巧

木瓜枝条生长旺盛,因此多余的枝条要整根剪掉。对部分枝条进行短截时保留几个芽点,让其基部长出短枝。修剪在 12 月至次年 2 月进行。

木瓜的叶片与果实

有细锯齿
↓

果实表面具油性

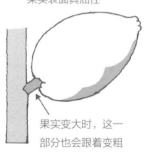

果实变大时,这一
部分也会跟着变粗

**与木瓜相似的榅桲的
叶片与果实**

表面呈深绿色的
全缘叶

覆盖了一层黄棕色
的茸毛

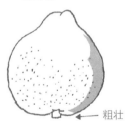

← 粗壮

开花方式与修剪方法

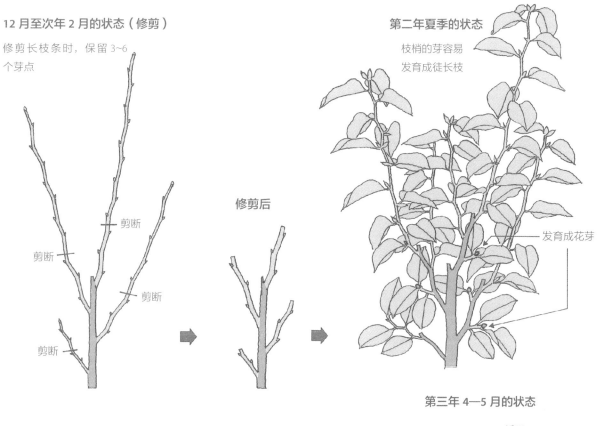

12 月至次年 2 月的状态（修剪）

修剪长枝条时，保留 3~6
个芽点

剪断

剪断

剪断

剪断

修剪后

第二年夏季的状态

枝梢的芽容易
发育成徒长枝

发育成花芽

第三年 4—5 月的状态

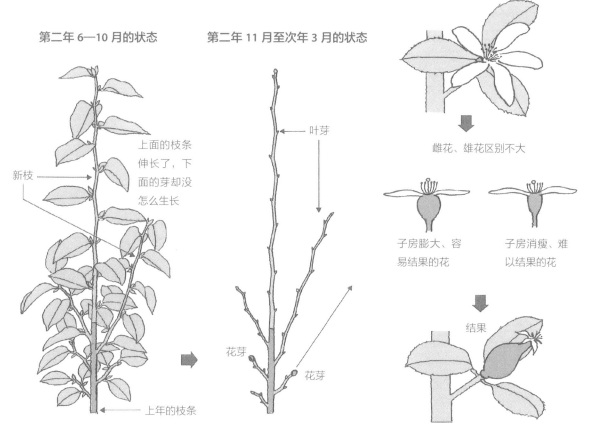

第二年 6—10 月的状态

新枝

上面的枝条
伸长了，下
面的芽却没
怎么生长

第二年 11 月至次年 3 月的状态

叶芽

花芽

花芽

上年的枝条

雌花、雄花区别不大

子房膨大、容
易结果的花

子房消瘦、难
以结果的花

结果

木瓜

胡颓子属植物

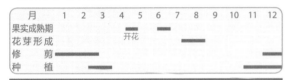

月	1	2	3	4	5	6	7	8	9	10	11	12
果实成熟期												
花芽形成					开花							
修　剪												
种　植												

胡颓子属果树，有初夏成熟的木半夏、秋季成熟的牛奶子、常绿性的胡颓子和蔓胡颓子等，品种丰富多样。无论哪一种，都能结出成熟的红色果实，可以食用。果实大、适合作为家庭果树的品种有木半夏及其变种（*Elaeagnus multiflora* var. *hortensis*）。

●栽培要点

许多胡颓子属果树都生长在沿海的温暖地区，因此适合种于日照条件好、排水性强、偏干燥的地方。

种植可在落叶期进行，寒冷地区在 3 月下旬至 4 月进行，日本东京以西的地区则适合在 11—12 月和 2 月下旬至 3 月中旬进行。

种完后进行肥培管理时，需避免氮元素过量。施肥在 2 月和 8 月下旬进行，将占总量 40% 的骨粉拌入油粕后，在根部周围撒 2~3 把即可。

病虫害有白粉病、蚜虫、介壳虫、天牛等，天牛极为常见，其成虫会一圈圈地啃食枝条，幼虫则从根部附近侵入树干。需喷洒合适的药品来驱除。不过，食用果实时就得注意残留在果实上的药品了。

●开花习性

花芽不会在长枝条和徒长枝上形成，而是在基部的饱满短枝条上形成，次年萌芽的同时开出花朵，结果成熟。如果开花期刚好撞上了蚜虫侵害或只种了一棵植株，那么结果可能会比较困难。一起多种几棵就容易结果了。

●修剪技巧

植株容易生出长枝条，根部容易生出笋枝，笋枝得整根剪掉。此外，修剪部分长枝条时需保留几个或 10 个左右的芽点，以促进植株形成饱满的短枝条。

修剪在 12 月至次年 2 月进行。

●修剪要点●

修剪徒长枝

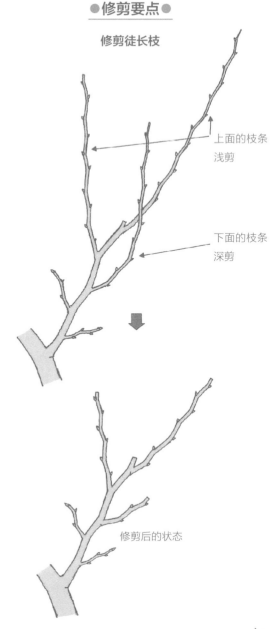

上面的枝条浅剪

下面的枝条深剪

修剪后的状态

修剪不定芽、笋枝

不定芽、笋枝得尽早去除

不定芽

笋枝

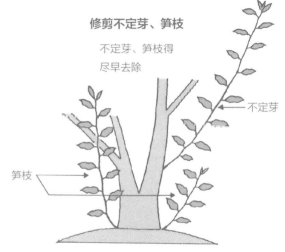

●树　形●

自然树形

尽管会生出枝条，但随着树龄的增长，树形也会越来越整齐

●开花方式与修剪方法●

6—10 月的状态

幼树经常长枝条

胡颓子属植物

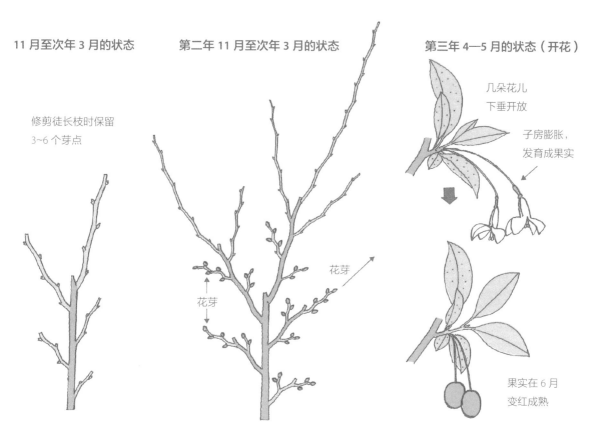

11 月至次年 3 月的状态

修剪徒长枝时保留
3~6 个芽点

第二年 11 月至次年 3 月的状态

花芽

花芽

第三年 4—5 月的状态（开花）

几朵花儿
下垂开放

子房膨胀，
发育成果实

果实在 6 月
变红成熟

落霜红

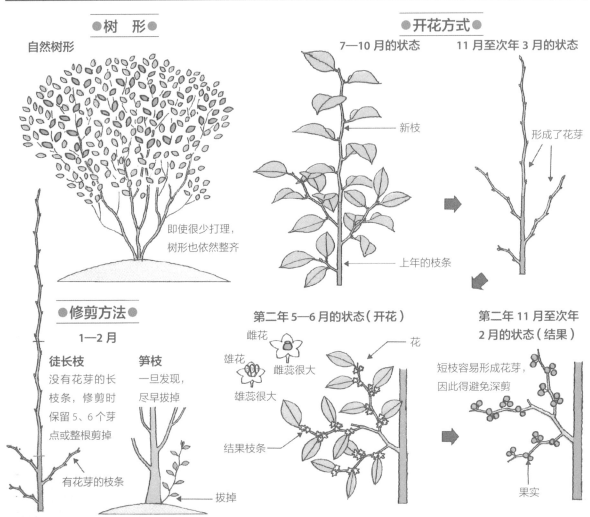

●树　形●

自然树形

即使很少打理，树形也依然整齐

●修剪方法●

1—2 月

徒长枝
没有花芽的长枝条，修剪时保留 5、6 个芽点或整根剪掉

有花芽的枝条

笋枝
一旦发现，尽早拔掉

拔掉

●开花方式●

7—10 月的状态

新枝

上年的枝条

11 月至次年 3 月的状态

形成了花芽

第二年 5—6 月的状态（开花）

雌花

雄花

雌蕊很大

雄蕊很大

花

结果枝条

第二年 11 月至次年 2 月的状态（结果）

短枝容易形成花芽，因此得避免深剪

果实

落霜红为雌雄异株，有果实，2、3 朵淡紫色的小花开在新枝的叶腋处，雌株在花后结果，果实逐渐饱满。

有白色果实的白果落霜红（*Ilex serrata f. leucocarpa*）、果实直径约 5mm 的"大纳言"、叶片果实都很迷你的品种等。

●栽培要点

落霜红长势旺盛，不怎么挑土质，适合种于富含腐殖质的肥沃土壤中，需摆在向阳处或半背阴处。

种植可在落叶后进行，除开 10 月下旬至 3 月

的严寒期，其余时间都可以。

施肥在 2 月和 9 月进行，将占总量 30%~40% 的骨粉拌入油粕后，在根部周围撒 1~2 把即可。

●开花习性

花芽在当年生枝条的叶腋处形成，来年发芽长出新枝，其叶腋处开出 2、3 朵花，结出果实。雄株不结果。

●修剪技巧

即使放任不管，树形也依然整齐。落霜红忌深剪，只要剪去树冠内部的细枝、从根部长出的笋枝即可。1—2 月为修剪的适宜时期。

毛脉荚蒾

月	1	2	3	4	5	6	7	8	9	10	11	12
果实成熟期										▬	▬	▬
					开花							
花芽形成							▬	▬	▬			
修 剪	▬	▬	▬									▬
种 植		▬	▬								▬	▬

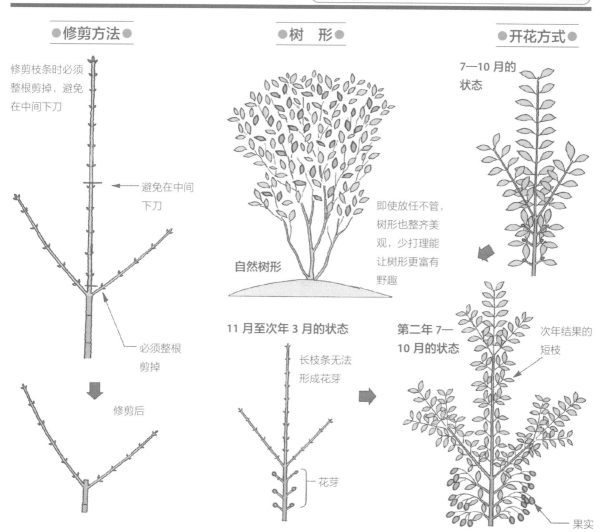

●**修剪方法**●

修剪枝条时必须整根剪掉，避免在中间下刀

避免在中间下刀

必须整根剪掉

修剪后

●**树 形**●

自然树形

即使放任不管，树形也整齐美观，少打理能让树形更富有野趣

11 月至次年 3 月的状态

长枝条无法形成花芽

花芽

●**开花方式**●

7—10 月的状态

第二年 7—10 月的状态

次年结果的短枝

果实

毛脉荚蒾细细的枝条向上生长，新枝的叶腋处垂下纤细的花梗，开出几朵淡红白色的小花。结果后，果实会发育成饱满的椭圆形，在秋季变红成熟。

●**栽培要点**

在严重缺少阳光的地方，毛脉荚蒾结果状况不好，因此要尽量保证日照，选择富含腐殖质、排水性强、储水性好的土地种植。

种植适宜在落叶期进行，11—12 月及 2 月下旬至 3 月就很合适。

种植完成后要避免给予过量的氮元素，在 2 月和 9 月施肥，将占总量30%的骨粉拌入油粕后，往根部周围撒一把即可。

●**开花习性**

花芽会在当年长出的饱满短枝的顶部形成，长枝条不会形成花芽。

●**修剪技巧**

长枝条不会结果，原本应该进行短截，但我们想要的是自然的树形，因此得避免短截，关键是进行疏枝。12月至次年2月为修剪的适宜时期。

石榴

月	1	2	3	4	5	6	7	8	9	10	11	12
果实成熟期									▬	▬		
花 芽 形 成							开花			▬	▬	
修　　剪		▬	▬									
种　　植			▬									

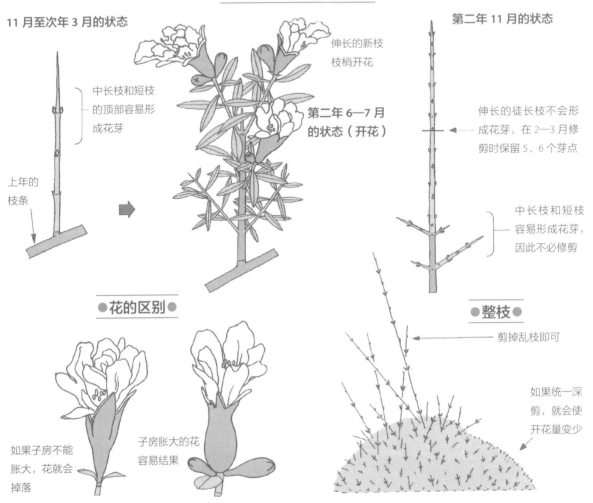

● 开花方式与修剪方法 ●

11 月至次年 3 月的状态

中长枝和短枝的顶部容易形成花芽

上年的枝条

伸长的新枝枝梢开花

第二年 6—7 月的状态（开花）

第二年 11 月的状态

伸长的徒长枝不会形成花芽，在 2—3 月修剪时保留 5、6 个芽点

中长枝和短枝容易形成花芽，因此不必修剪

● 花的区别 ●

如果子房不能胀大，花就会掉落

子房胀大的花容易结果

● 整枝 ●

剪掉乱枝即可

如果统一深剪，就会使开花量变少

石榴花朵拥有六片美丽的红色花瓣，果实大小如网球，在秋季成熟，裂开后会露出种子。石榴有开重瓣花、白花的，结紫红色果实的，矮生的、树干明显弯曲的……园艺品种也纷繁多样。

● 栽培要点

石榴是暖地型植物，在寒冷地区难以生长，在日本适合于关东以西的地区种植。石榴不怎么挑土质，但不喜酸性土壤，种植时得选择中性或弱酸性的土壤，并拌入足够的腐殖质。另外，日照条件好、排水性强也很重要。

种植适宜在彻底转暖的 3 月中旬至 4 月上旬进行，在温暖地区，1—2 月也可以种植。

肥料要避免含有过量的氮元素，施肥在 2 月和 9 月上旬进行，将占总量 30%~40% 的骨粉拌入油粕后，在根部周围撒 2~3 把即可。

● 开花习性

花芽会在当年长出的饱满短枝上形成，次年冒出一点新枝，在枝梢开出花朵。

● 修剪技巧

对长枝进行短截、剪掉根部长出的笋枝即可。适合在 2—3 月进行。

草珊瑚

月	1	2	3	4	5	6	7	8	9	10	11	12
果实成熟期	▬										▬	▬
花芽形成					开花			▬	▬			
修 剪	▬											
种 植				▬	▬			▬	▬			

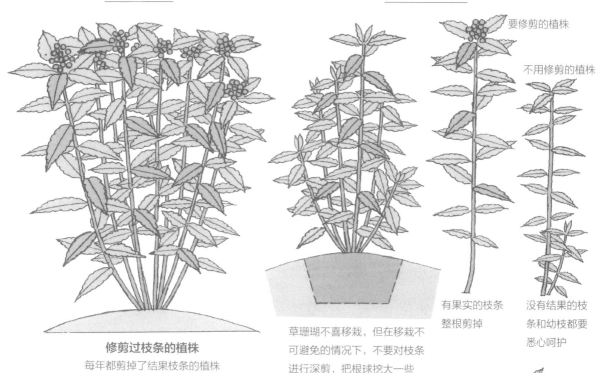

●树 形●

修剪过枝条的植株
每年都剪掉了结果枝条的植株

●移栽方法●

要修剪的植株

不用修剪的植株

有果实的枝条
整根剪掉

没有结果的枝条和幼枝都要悉心呵护

草珊瑚不喜移栽，但在移栽不可避免的情况下，不要对枝条进行深剪，把根球挖大一些

草珊瑚的花（5—6 月）

黄绿色

没有花瓣的裸花

深剪会让植株明显变虚弱，因此得避免

2 年前结果的枝条，如果放任不管，就会长出分枝

草珊瑚枝条笔直向上丛生，不会长出小枝。果实直径为 3~4mm，大约 10 个聚集在枝梢，变红即成熟。黄色果实的黄果草珊瑚最近也很常见了。

●栽培要点

草珊瑚是暖地型植物，庭院栽培方式多应用于日本茨城县以南太平洋沿海的温暖地区。在东京附近的内陆地区，草珊瑚也适合种在避风、土壤富含腐殖质、湿度高的温暖半背阴处。

种植适宜在温暖的 4—5 月及 8—9 月进行。

种植完成后避免过量施肥，施少量的骨粉、草木灰、颗粒状化成复合肥料等即可。

●开花习性

花芽会在当年生枝条的顶部形成，并于次年萌芽，长出一点新枝后开花结果。

●修剪技巧

即使放任不管也没关系，但剪去地表的短枝，把结果枝条从地表剪断并插进花瓶中欣赏，将促进新枝生长。

南天竹

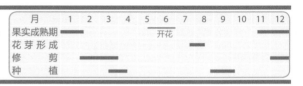

月	1	2	3	4	5	6	7	8	9	10	11	12
果实成熟期	■										■	■
					开花							
花芽形成								■				
修 剪		■	■									
种 植			■	■				■	■			

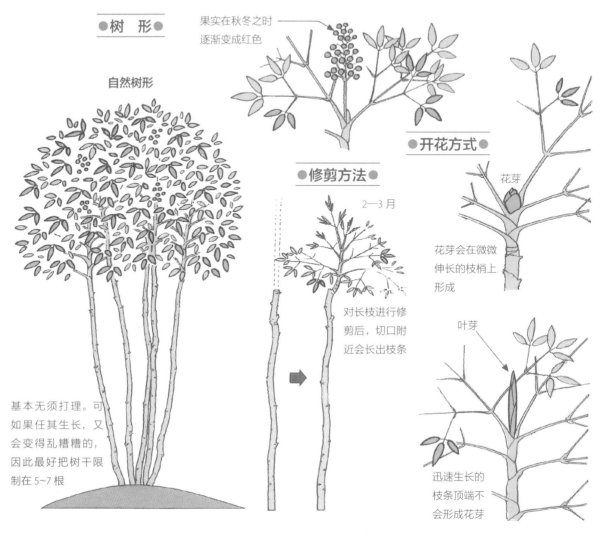

●树 形●

自然树形

果实在秋冬之时逐渐变成红色

开花方式

修剪方法

2—3 月

对长枝进行修剪后，切口附近会长出枝条

花芽

花芽会在微微伸长的枝梢上形成

叶芽

迅速生长的枝条顶端不会形成花芽

基本无须打理。可如果任其生长，又会变得乱糟糟的，因此最好把树干限制在 5~7 根

南天竹有"时来运转"的含义，因此被当作吉祥树来种植。不仅有结白色果实的品种，还有许多园艺品种。

●栽培要点

南天竹不怎么挑土质，常被当作吉祥树种在大门口，而且它耐阴性强，也可被当作耐阴树来种植。但如果想增加结果量，就得选择日照条件好、排水性强的地方种植。

种植的适宜时期为彻底转暖的 3 月下旬至 4 月及 8 月下旬至 9 月，在温暖地区可以提前种植。种完后要避免给予过量的氮元素，施肥在 2 月和

9 月进行，将油粕与骨粉的等量混合物在根部周围撒 2~3 把即可。

●开花习性

花芽会在当年长出的饱满枝的枝梢上形成，次年枝条伸长一点后开花结果。

●修剪技巧

任其生长也没有影响，但结过一次果的枝条有 3 年左右不会再结果。

修剪在 2—3 月进行。

日本南五味子

月	1	2	3	4	5	6	7	8	9	10	11	12
果实成熟期							开花					
花芽形成												
修剪												
种植												

南天竹、日本南五味子

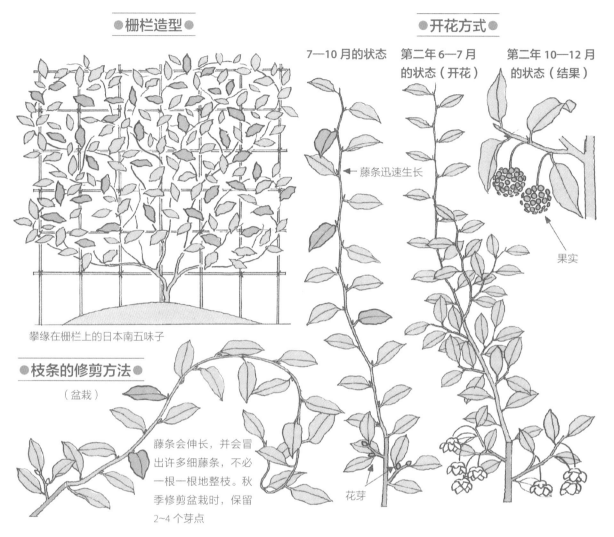

●栅栏造型●

攀缘在栅栏上的日本南五味子

●枝条的修剪方法●

（盆栽）

藤条会伸长，并会冒出许多细藤条，不必一根一根地整枝。秋季修剪盆栽时，保留 2~4 个芽点

●开花方式●

7—10 月的状态

第二年 6—7 月的状态（开花）

第二年 10—12 月的状态（结果）

藤条迅速生长

果实

花芽

日本南五味子别名美男葛，是藤本植物，雌花直径约 2cm，淡黄色的肉质花朵生有修长的花梗。花后结果，直径 5mm 左右的小球形浆果聚成一团，垂挂在枝条上，于秋季成熟变红。有的园艺品种果实成熟后会变成米黄色。

●栽培要点

日本南五味子长势旺盛，不怎么挑土质，适合种于富含腐殖质、排水性强、上午有日照的地方。

日本南五味子在温暖地区的树林中十分常见。在日本关东地方，种植时避开冬季的寒风非常重要。

种植适合在温暖的 5 月或 8—9 月进行，种植前先把藤条剪短。

避免使用含有过量氮元素的肥料，在 2 月和 9 月进行施肥，撒 2~3 把鸡粪或骨粉即可。

●开花习性

花芽会在很短的枝条上形成，待次年长出 3、4 枚叶片后，叶腋处便会开花。

●修剪技巧

植株会长出许多纤细的长藤条，一根根整理起来很是麻烦，基本上可以放任不管。

火棘

月	1	2	3	4	5	6	7	8	9	10	11	12
果实成熟期	▬										▬	▬
					开花							
花芽形成								▬				
修　剪			▬							▬		
种　植					▬			▬				

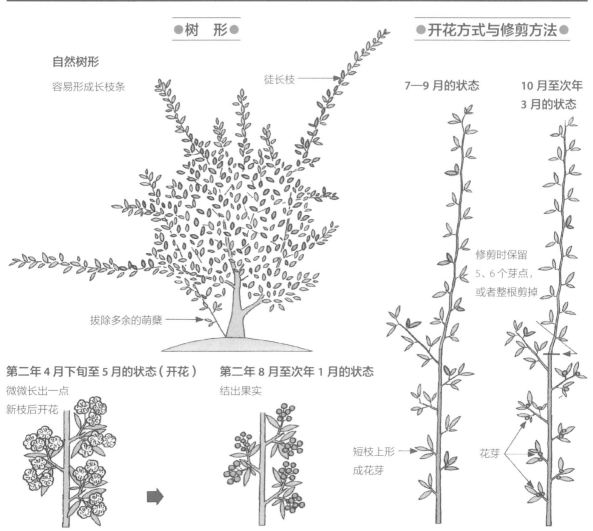

●树　形●

自然树形

容易形成长枝条

徒长枝

拔除多余的萌蘖

第二年 4 月下旬至 5 月的状态（开花）

微微长出一点
新枝后开花

第二年 8 月至次年 1 月的状态

结出果实

●开花方式与修剪方法●

7—9 月的状态

10 月至次年
3 月的状态

修剪时保留
5、6 个芽点，
或者整根剪掉

短枝上形
成花芽

花芽

这里介绍的火棘是火棘属植物的总称。窄叶火棘叶全缘；如今许多人种植的欧亚火棘，其特征是叶片上有较钝的锯齿，成熟果实呈鲜红色。火棘还有不少园艺品种，如黄果品种、橙色果品种、矮生品种等。

●栽培要点

火棘是暖地型树木，适合生长于日本关东以西的地区。它们不怎么挑土质，但良好的日照条件与排水性非常重要。

种植的适宜时期为 4 月下旬至 5 月、8—9 月。

关于施肥，将占总量 40% 的骨粉拌入油粕后在 2 月施用即可。

通风恶劣的情况下，会出现蚜虫、介壳虫、天牛幼虫等病虫害。需尽早喷洒药剂进行防治。

●开花习性

花芽会在当年长出的基部短枝上形成，次年长出一点新枝后开花结果。

●修剪技巧

植株长大后也能生出健康的长枝条。这些枝条不会形成花芽，所以得整根剪掉。修剪时期为 10 月下旬或 3 月中下旬。

西南卫矛

月	1	2	3	4	5	6	7	8	9	10	11	12
果实成熟期									▬	▬	▬	
花芽形成					开花		▬					
修　　剪	▬	▬	▬									
种　　植			▬	▬							▬	▬

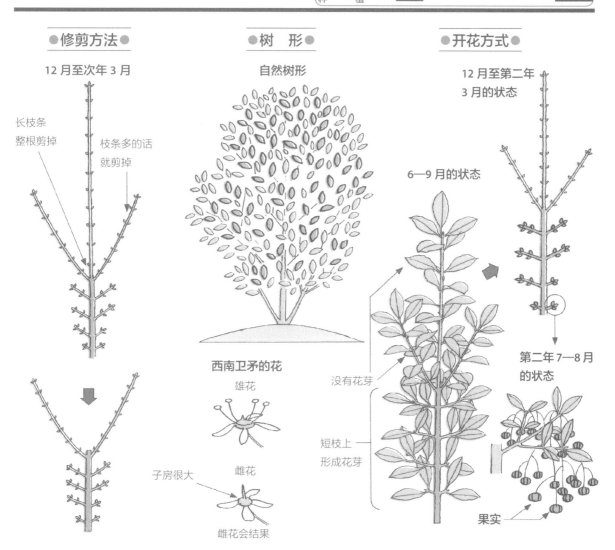

●修剪方法●
12 月至次年 3 月

长枝条整根剪掉

枝条多的话就剪掉

●树　形●
自然树形

西南卫矛的花

雄花

子房很大

雌花

雌花会结果

●开花方式●
12 月至第二年 3 月的状态

6—9 月的状态

没有花芽

短枝上形成花芽

第二年 7—8 月的状态

果实

西南卫矛为雌雄异株，花后雌株会结出直径约 1cm 的四边形蒴果，蒴果于秋季裂成四瓣后露出红色的种子。

●栽培要点

西南卫矛长势旺盛，不怎么挑土质，在半背阴处也能生长，但要让植株结出更多的果实，就得种在日照条件好、排水性强的地方。

种植可在 11—12 月和 2 月下旬至 3 月进行。

施肥在 2 月和 8 月下旬进行，将油粕与骨粉的等量混合物往根部周围撒一把即可。

病虫害有白粉病、蚜虫、介壳虫等。4—10 月，需每月喷洒一次药剂进行预防。

●开花习性

花芽很少长在当年的长枝条上，而是长在饱满短枝的叶腋处，次年会长出一点新枝，并开花结果。瘦弱的短枝不会形成花芽。

●修剪技巧

若不需要没有花芽的顶部长枝，可以将其整根剪掉，需要的话则在修剪时保留约 5 个芽点。剪掉树冠内部的细枝，以加强通风、采光。

朱砂根、紫金牛

月	1	2	3	4	5	6	7	8	9	10	11	12
果实成熟期	▬	▬	▬							▬	▬	▬
开花						▬						
花芽形成							▬	▬				
修剪				▬	▬							
种植			▬	▬	▬	▬		▬	▬			

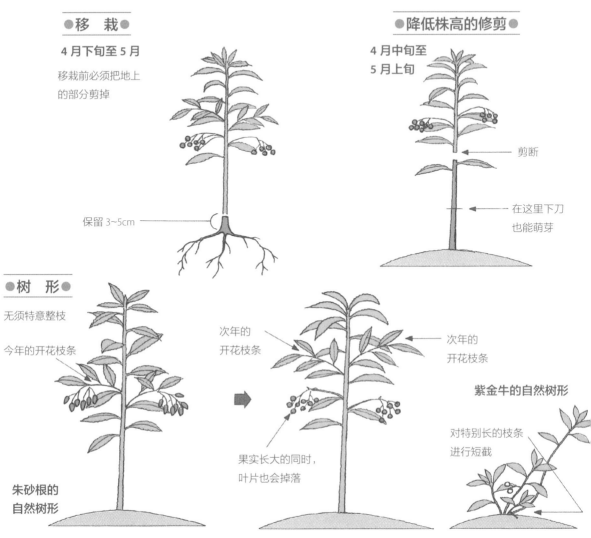

●移栽●

4 月下旬至 5 月

移栽前必须把地上的部分剪掉

保留 3~5cm

●树形●

无须特意整枝

今年的开花枝条

朱砂根的自然树形

次年的开花枝条

果实长大的同时，叶片也会掉落

●降低株高的修剪●

4 月中旬至 5 月上旬

剪断

在这里下刀也能萌芽

次年的开花枝条

紫金牛的自然树形

对特别长的枝条进行短截

在日本，朱砂根自生于关东以西的温暖地带，紫金牛则是长在北海道的部分地区、本州、四国以及九州。

●栽培要点

两个品种都自生于半背阴的树林里，而且是长在满地落叶、储水性好、排水性强的湿润土地上，所以得栽培在相似的环境里。

在日本东京附近的地区适宜于 5 月或 8—9 月种植，在温暖地区则是于 3—4 月种植。

种植完成后在 2 月和 9 月上旬施肥，将占总量 30% 的骨粉拌入油粕后施一把即可。

病虫害方面，需注意介壳虫。

此外，紫金牛科植物的一大特征是会出现严重的连作障碍。

●开花习性

朱砂根的花芽会在叶腋处生出的短枝上形成，于次年开花，结果后叶片掉落，短枝变得像长长的果梗一样。而紫金牛的花芽在叶腋处形成，长出花梗并开花结果。

●修剪技巧

基本不需要修剪。

月	1	2	3	4	5	6	7	8	9	10	11	12
果实成熟期			开花			▬	▬					
花芽形成							▬	▬				
修　　剪		▬	▬									
种　　植					▬			▬	▬	▬		

杨梅

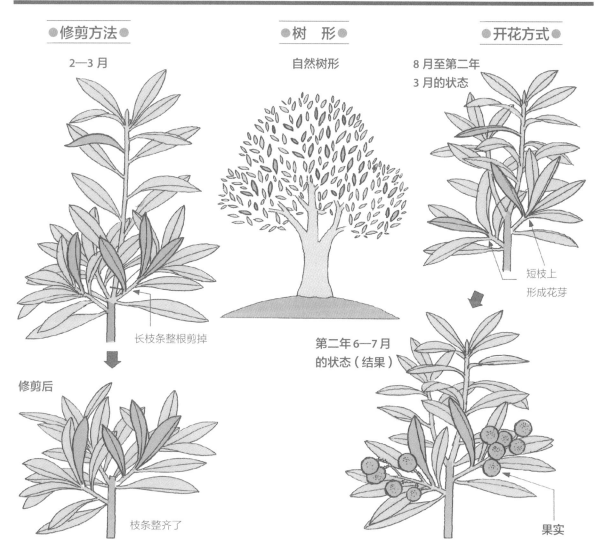

●修剪方法●

2—3 月

长枝条整根剪掉

修剪后

枝条整齐了

●树　形●

自然树形

●开花方式●

8 月至第二年
3 月的状态

短枝上
形成花芽

第二年 6—7 月
的状态（结果）

果实

杨梅是雌雄异株，雌株开花后结果，球形果实的直径约为 1.5cm，可以生吃、做果酱、酿果酒。

●栽培要点

杨梅长势旺盛，不怎么挑土质，适合种于日照条件好、排水性强的土地，树冠会长得又大又茂密，因此得选择足够宽阔的地方。

在日本东京附近的地区适宜于 5 月和 8—9 月种植，在温暖地区则是于 3—4 月。

只要土地不贫瘠，就无须施肥。

病虫害有蓑蛾的幼虫。一旦发现就立刻捕杀或喷洒药剂。

●开花习性

花芽在当年生新枝的叶腋处形成，次年开花结果。

●修剪技巧

长枝条不会形成花芽，短截后次年能在基部长出短枝，形成花芽。

每隔 3~4 年，在没有结果的隔年，大面积剪一次枝条、进行修剪以调整树形。2—3 月上旬最适合修剪。

朱砂根、紫金牛、杨梅

91

藤本植物

木通科 ● 落叶阔叶藤本性木本植物 ● 果实成熟期 9—11 月

木通、日本野木瓜

月	1	2	3	4	5	6	7	8	9	10	11	12
果实成熟期				开花								
花芽形成												
修　剪												
种　植			木通	日本野木瓜			日本野木瓜				木通	

木通是一种自生于日本本州、四国、九州的落叶性藤本植物。长 6~10cm 的椭圆形果实在秋季成熟后，果皮会裂开。

日本野木瓜是与木通不同属的常绿性藤本植物。自生于日本关东南部以西的温暖地区，果实跟木通的很像，但一大区别在于它的果皮不会裂开。

● 栽培要点

两个品种都长势旺盛，不怎么挑土质，但需选择日照条件好、排水性强的地方种植。种植日本野木瓜时，得避开冬季的寒风。

木通在 2 月下旬至 3 月中旬及 11—12 月种植。日本野木瓜适合在 5 月及 8~9 月种植，两个品种在种植前都需要把藤条剪短。

较普遍的造型方法是让藤条攀缘在栅栏上，或者搭一座凉棚让藤条依附在上面。另外，也有许多盆栽造型。

施肥在 2 月和 9 月进行，肥料应避免含有过量的氮元素。将油粕与骨粉的等量混合物往根部周围撒 1~2 把即可。

● 开花习性

两个品种都会在当年长出的粗壮短藤条上形成花芽，于次年萌芽，长出 3~5 枚叶片的同时开出花朵（总状花序），雌花雄花一同开花。不过，对木通而言，相比同一棵植株上的雄花，雌花得到其他植株雄花的花粉更利于其结果，因此 2、3 棵木通种在一起能结出更多的果实。

随着小叶的生长，日本野木瓜会长出 3 片叶、5 片叶、7 片叶，长出 7 片叶时会开始结果。

● 修剪技巧

木通藤条纤细，让它们按规划好的方式攀缘生长即可。日本野木瓜会长出粗壮的长藤条，所以每隔 4~5 年就得在 2—3 月进行一次疏枝深剪。

● 树　形 ●

木通 ● 自然树形

伸长的枝条

藤条纤细，可以攀缘在柱子或小棚子上，修剪伸长的枝条时保留一点长度

木通的枝叶

三叶木通的枝叶

花芽

雌花

结果，膨胀后发育成果实

雄花

日本野木瓜●自然树形

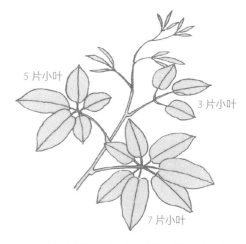

5片小叶

3片小叶

7片小叶

■幼树时期，日本野木瓜的复叶为3片小叶，随着树龄的增长，会长出5~7片小叶

■复叶长到7片小叶时，植株会开花结果

●开花方式与修剪方法●

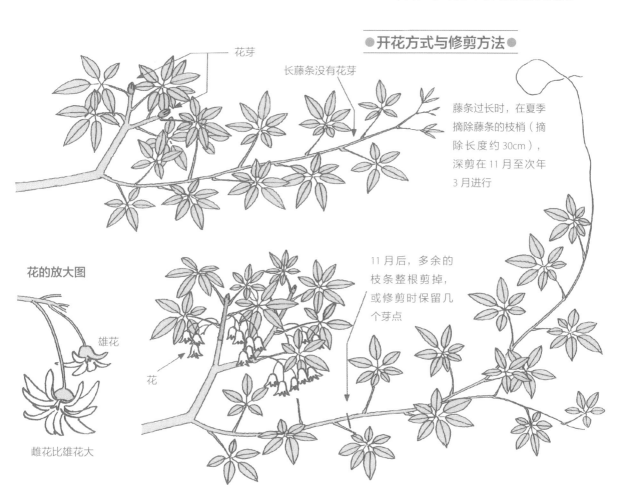

花芽

长藤条没有花芽

藤条过长时，在夏季摘除藤条的枝梢（摘除长度约30cm），深剪在11月至次年3月进行

花的放大图

雄花

花

雌花比雄花大

11月后，多余的枝条整根剪掉，或修剪时保留几个芽点

铁线莲属植物

月	1	2	3	4	5	6	7	8	9	10	11	12
花　　期					▬	▬	▬	▬	▬			
花芽形成				▬	▬	▬	▬					
修　　剪		▬										
种　　植		▬	▬								▬	

●种植方法●

金字塔造型

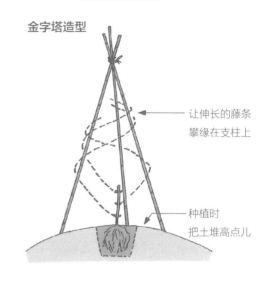

让伸长的藤条攀缘在支柱上

种植时把土堆高点儿

网格造型

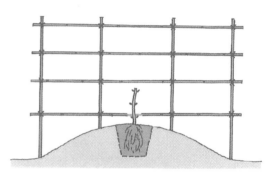

小苗不要弄散根球，种植时小心一些

铁线莲属植物是铁线莲"莫伦（Morren）"、转子莲等的总称，有许多园艺品种。

转子莲自生于日本关东以西的地区，白色花朵有 8 片花瓣。铁线莲"莫伦"的原产地是我国中部地区，有 6 片花瓣，两个品种都是园艺品种的母本。

●栽培要点

只要土地富含腐殖质、排水性强，不管在阳光下还是半背阴处，铁线莲属植物都能正常生长。

可在 2 月中旬至 3 月上旬及 11—12 月进行种植。要做栅栏造型、铁架造型、金字塔造型时，得在种植前做好准备。

施肥在 2 月和 8 月进行，肥料应避免含有过量的氮元素。将占总量 30%~40% 的骨粉拌入油粕后，往根部周围撒 1~2 把即可。

病虫害方面，会出现类似立枯病的症状。得小心地拔除病株并焚烧掉。把新植株种在同一个地方时，需更换土壤，避免使用过多的肥料。

●开花习性

转子莲仅在 5—6 月开一次花，而铁线莲"莫伦"的园艺品种多具有四季开花性，一旦长出新枝，枝梢就会冒出花朵，一直开到 9—10 月。

●修剪技巧

藤条纤细，容易纠缠在一起，但不怎么需要修剪。可如果让植株花后结果，就会对长势略有影响，因此应尽早摘残花，促进植株长出下一批健康的枝条。

开花不多的植株，根部有时会长出许多细藤条，这些藤条最好及时摘除，保留 2、3 根即可。然后对它们进行肥培管理，令其开出花朵。

●鲜切花的制作方法●

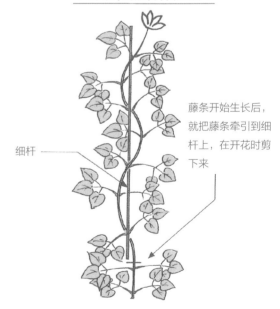

藤条开始生长后，就把藤条牵引到细杆上，在开花时剪下来

细杆

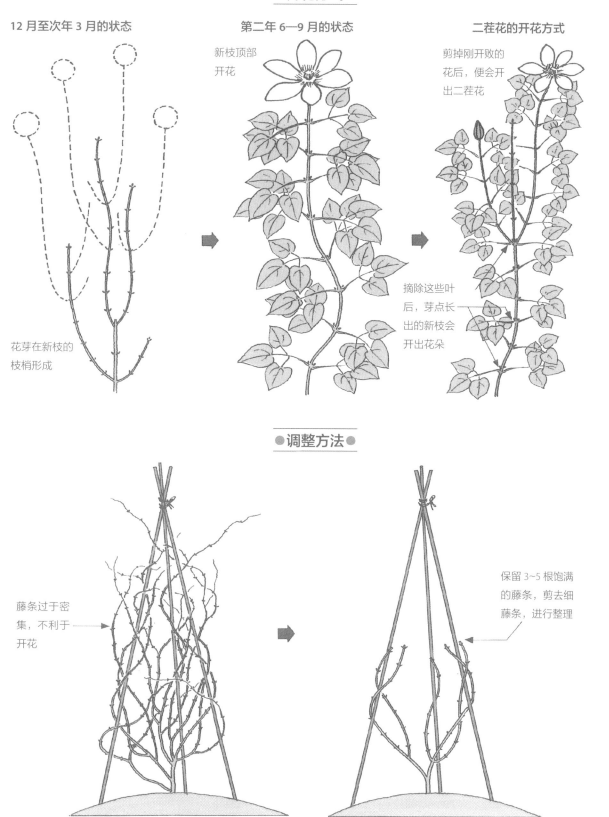

12 月至次年 3 月的状态

第二年 6—9 月的状态

新枝顶部
开花

二茬花的开花方式

剪掉刚开败的
花后，便会开
出二茬花

花芽在新枝的
枝梢形成

摘除这些叶
后，芽点长
出的新枝会
开出花朵

铁线莲属植物

●调整方法●

藤条过于密
集，不利于
开花

保留 3~5 根饱满
的藤条，剪去细
藤条，进行整理

紫藤

月	1	2	3	4	5	6	7	8	9	10	11	12
花　　期												
花芽形成												
修　　剪												
种　　植												

紫藤是日本的本土植物，蓝紫色花朵开满枝条的样子格外壮观。花序长度为 20~30cm，而多花紫藤的花序长达 50~60cm，多花紫藤"巨型葡萄（Macrobotrys）"的则是 1~1.5m，有的甚至达到了 1.8m。园艺品种也有不少。

● 栽培要点

紫藤长势旺盛，具备耐寒性，在日本北海道也能栽培。

根系分布浅而广，喜欢表土富含腐殖质的肥沃土壤。即便树根部分在背阴处，花枝也定会爬到其他树木的上方，在阳光灿烂的地方开花，因此得种在日照条件好的位置。

可在 2 月下旬至 3 月中旬及 11—12 月种植，避免像对待其他树木一样剪短根系。种植的关键是挖出植株时尽量保留一部分长根须。

肥料中氮元素过量不利于开花。施肥在 2 月和 9 月进行，将油粕与骨粉等量混合后，往根部周围撒 2~3 把即可。

几乎没什么病虫害，但有一种病会使藤条的各部位长出瘤块。在选择好苗的前提下，一旦出现疾病，就要尽早剪掉患病部位并进行焚烧。

● 开花习性

花芽会在当年长出的饱满短枝的叶腋处依次形成，来年这些芽会生长开花。

● 修剪技巧

藤条会伸长，可以在生长期让其自由生长，或者把藤梢摘除约 20cm 的长度，在落叶后的 12 月至次年 3 月修剪藤条。剪去多余的藤条，短截长藤条时保留 5~7 个芽点。老树避免深剪。

● 植株造型 ●

搭建凉棚是最常见的造型方式，这样的造型也很有意思

● 修剪方式 ●

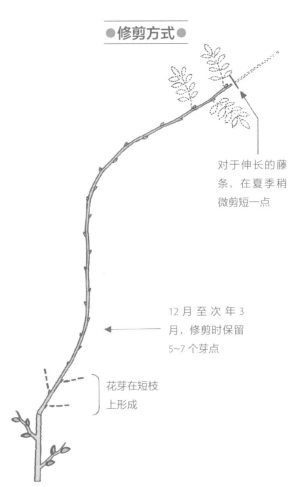

对于伸长的藤条，在夏季稍微剪短一点

12 月至次年 3 月，修剪时保留 5~7 个芽点

花芽在短枝上形成

●开花方式●

7—10 月的状态

12 月至次年 3 月的状态

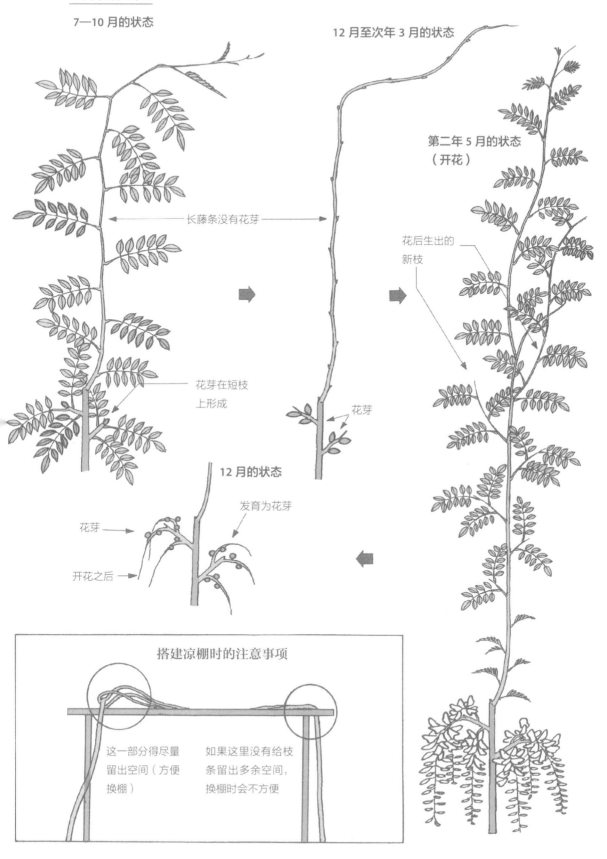

长藤条没有花芽

第二年 5 月的状态
（开花）

花后生出的
新枝

花芽在短枝
上形成

花芽

12 月的状态

发育为花芽

花芽

开花之后

搭建凉棚时的注意事项

这一部分得尽量
留出空间（方便
换棚）

如果这里没有给枝
条留出多余空间，
换棚时会不方便

紫
藤

忍冬科●半常绿藤本性植物●花期 5—10 月

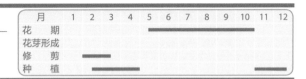

月	1	2	3	4	5	6	7	8	9	10	11	12
花　期					■	■	■	■	■	■		
花芽形成												
修　剪			■	■								
种　植			■	■								■

贯月忍冬

●开花方式与修剪方法●

新枝伸长后，顶部开出花朵。如果气温超过 15℃，不管剪断①～③中的哪个位置，都能生出新枝，开出花朵

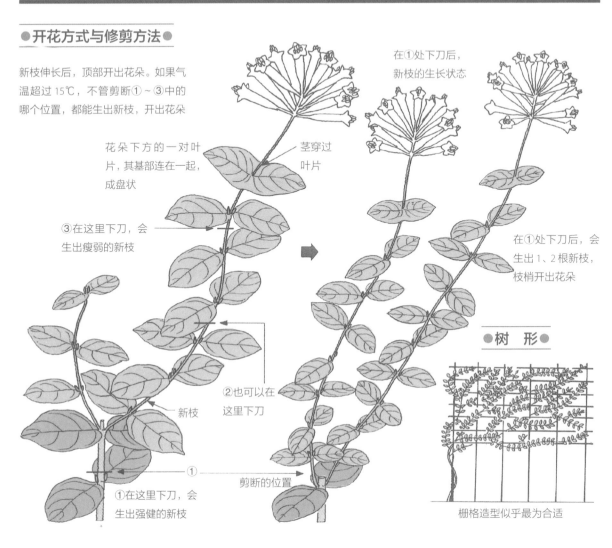

花朵下方的一对叶片，其基部连在一起，成盘状

茎穿过叶片

③在这里下刀，会生出瘦弱的新枝

②也可以在这里下刀

新枝

①

①在这里下刀，会生出强健的新枝

剪断的位置

在①处下刀后，新枝的生长状态

在①处下刀后，会生出 1、2 根新枝，枝梢开出花朵

●树　形●

栅格造型似乎最为合适

贯月忍冬在温暖地区很少落叶，11—12 月时黄红色的筒形花朵接连开放。

它之所以叫"贯月忍冬"，是因为花朵下方的一对叶片环抱花茎、合为一体。

●栽培要点

贯月忍冬喜欢温暖的地方，如果种在日照条件好、排水性强、避风、富含腐殖质的肥沃土地里，就不怎么对土质有其他要求。

日本东京附近的地区适宜在 4 月上中旬种植，更温暖的地区则是在 2 月下旬种植。

施肥在 2—3 月和 8 月下旬进行，一年两次，把占总量 30% 的骨粉与油粕混合，或使用颗粒状化成复合肥料，往根部周围撒 2~3 把即可。

●开花习性

花朵开在新枝的枝梢上。只要气候温暖、阳光充足，伸长的枝梢上必然会形成花芽。

●修剪技巧

不仅当年生枝条，新枝的枝梢也会开花，因此可以在任意位置修剪。

修剪需在萌芽前进行。

凌霄

贯月忍冬、凌霄

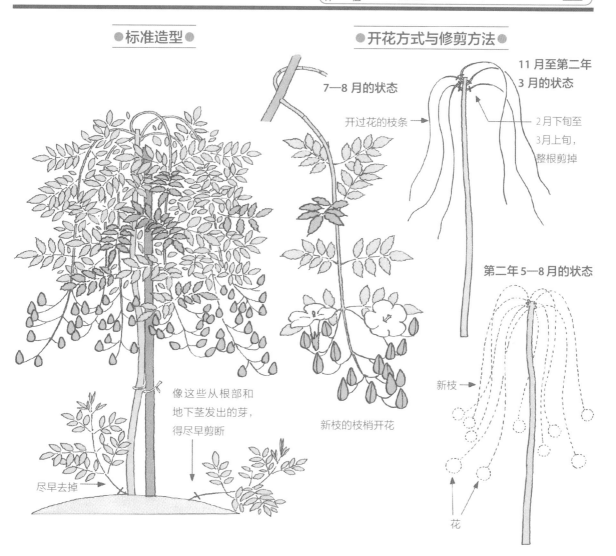

●标准造型●

像这些从根部和地下茎发出的芽，得尽早剪断

尽早去掉

●开花方式与修剪方法●

7—8 月的状态

开过花的枝条

新枝的枝梢开花

11 月至第二年 3 月的状态

2 月下旬至 3 月上旬，整根剪掉

第二年 5—8 月的状态

新枝

花

出梅后，凌霄是少数在酷暑期开花的花树。枝条伸得长长的，爬到高处后垂下来，枝梢开出大大的喇叭状花朵。尽管凌霄的花开一天就枯萎了，但植株却是从基部向上依次开花的，可以欣赏很长一段时间。另外还有花朵略小、色彩浓郁的厚萼凌霄。

●栽培要点

凌霄不怎么挑土质，但良好的日照和排水性可谓是必要条件。

植株萌芽较晚，因此种植适宜在 3 月至 4 月上旬进行。

施肥在 2 月和 9 月进行，将占总量 40% 的骨粉拌入油粕后往根部周围撒 1~2 把即可。

●开花习性

只要保证一定的温度与日照，就能形成花芽。春季萌芽的健康藤条,其枝梢基本都能冒出花蕾。

●修剪技巧

即便是老树，根部附近也会长出笋芽，这样的芽得尽早去掉。

修剪在每年的 11 月至次年 3 月上旬进行，多余的枝条整根剪去。

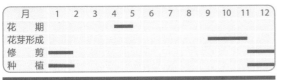

落
叶
树

槭树科 ●落叶阔叶中乔木至乔木 ●红叶期 10—11 月

槭树

月	1	2	3	4	5	6	7	8	9	10	11	12
花　　期				▬	▬							
花芽形成									▬	▬	▬	
修　　剪	▬	▬										
种　　植	▬	▬									▬	▬

品种异常繁多，日本北海道有适合在北海道生长的品种，高山上有适合在高山生长的品种。而且园艺品种也非常多，说是品种世界第一多也不为过。

●栽培要点

让植株长出美丽的红叶，条件就是阳光充足、空气湿度高、昼夜温差大。可在都市，这样的环境就有些强人所难了。栽培时努力满足上述条件即可。选择富含腐殖质、排水性强的土壤，保证树冠能接受足够的光照，且避免阳光直射根部。

种植需在落叶期刚结束至 2 月完成。

种植完成后，如果过量施肥，就欣赏不到美丽的红叶了，并且一定要避免氮元素过量。因此庭院树几乎不需要施肥，盆栽则必须施肥。

病虫害特别多，除了白粉病、粗皮病，还有天牛幼虫、蚜虫、介壳虫，以及啃食树皮的天牛等，需要尽早定期喷洒药剂，进行预防。夏季的干燥期尤其值得注意。

●修剪技巧

枫树的树液比其他树木活跃得更早，才到 2 月下旬，就已经相当活跃了。所以修剪得在落叶后到 2 月上旬完成。

修剪的关键，是尽量不破坏植株自然的树形。避免在粗枝的中间下刀，重点是区分粗、中、细枝来修剪。枝条的切口需涂抹甲基硫菌灵进行保护。

●　树　形　●

普通品种的自然树形

普通品种的枝叶在
5—11 月的状态

11 月至第二年
3 月的状态

垂枝品种的树形

垂枝品种的枝叶

100

●修剪方式●

修剪在落叶期进行

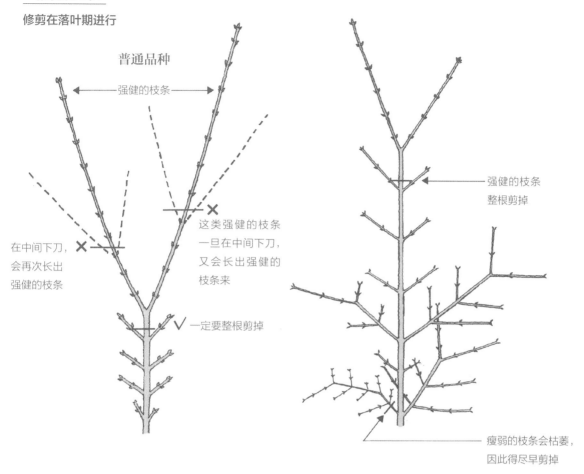

普通品种

强健的枝条

在中间下刀，会再次长出强健的枝条

这类强健的枝条一旦在中间下刀，又会长出强健的枝条来

一定要整根剪掉

强健的枝条整根剪掉

瘦弱的枝条会枯萎，因此得尽早剪掉

槭树

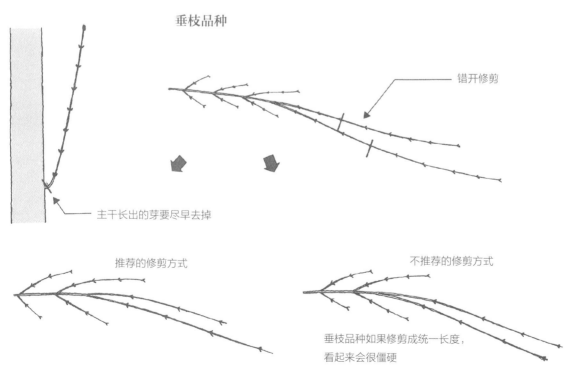

垂枝品种

错开修剪

主干长出的芽要尽早去掉

推荐的修剪方式

不推荐的修剪方式

垂枝品种如果修剪成统一长度，看起来会很僵硬

月	1	2	3	4	5	6	7	8	9	10	11	12
花　期					■	■						
花芽形成							■	■				
修　剪			■									■
种　植		■									■	

野茉莉

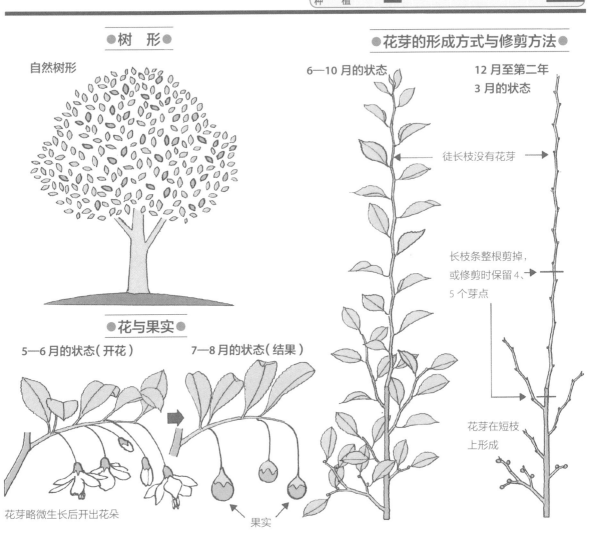

● 树　形 ●

自然树形

● 花与果实 ●

5—6 月的状态（开花）　　7—8 月的状态（结果）

花芽略微生长后开出花朵

果实

● 花芽的形成方式与修剪方法 ●

6—10 月的状态　　12 月至第二年
　　　　　　　　3 月的状态

徒长枝没有花芽

长枝条整根剪掉，
或修剪时保留 4、
5 个芽点

花芽在短枝
上形成

　　5 月，野茉莉新枝的叶腋处开出花冠裂成 5
瓣的白色花朵，开花期间，整棵树木几乎一片
纯白。

　　园艺品种有粉色风铃野茉莉和垂枝野茉莉。

● 栽培要点

　　野茉莉适合生长在树冠能晒到阳光、根部能
避开阳光、富含腐殖质、排水性强的地方。即便
种在庭院里，也要尽量选择这样的地方。

　　此外，相较于大树，可以让小树来适应环境。

　　种植的适宜时期为 11—12 月及 2 月下旬至
3 月。

　　只要土质不是特别恶劣，就无须施肥，而施
肥的时候使用氮元素含量少的肥料。

● 开花习性

　　花芽会在基部的饱满短枝的叶腋处形成，于
次年萌芽长出短枝，并于叶腋处开出花朵。

● 修剪技巧

　　长枝条不会形成花芽，如果把这些枝条短截
至统一的长度，就会破坏植株自然的外形，要以
"拔下来"的形式调整外形。

　　修剪适宜在 12 月至次年 2 月进行。

月	1	2	3	4	5	6	7	8	9	10	11	12
花　期			▬									
红叶期										▬	▬	
修　剪		▬	▬									▬
种　植			▬	▬								▬

白桦

野茉莉、白桦

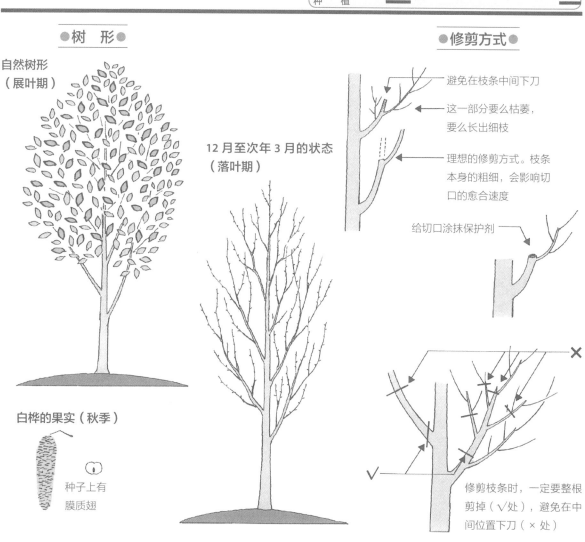

●树　形●

自然树形
（展叶期）

12 月至次年 3 月的状态
（落叶期）

白桦的果实（秋季）

种子上有
膜质翅

●修剪方式●

避免在枝条中间下刀

这一部分要么枯萎，
要么长出细枝

理想的修剪方式。枝条
本身的粗细，会影响切
口的愈合速度

给切口涂抹保护剂

修剪枝条时，一定要整根
剪掉（√处），避免在中
间位置下刀（×处）

白桦是拥有美丽树干的代表性树木。与之同样受欢迎的还有欧洲原产的毛桦、垂枝桦等园艺品种。

● 栽培要点

白桦生长在适合日照条件好、排水性强、富含腐殖质和火山灰质的简单土地。相比一棵一棵地种植，3 棵、5 棵一起种更好，要避免与其他树木混植。

秋季种植容易出现许多枯枝，因此尽量在春季种植。

种植完成后很少需要施肥，但在土质不佳的地方，需要多施完熟堆肥，努力改善土质。

● 修剪技巧

树干呈白色，修剪的重点是不影响植株的自然外形。

根部附近长出的笋枝要尽早剪掉，避免对树冠进行短截，疏枝即可。修剪枝条时一定要整根剪掉，给切口涂抹保护剂。

修剪适宜在 12 月或 2 月至 3 月上旬进行。

月	1	2	3	4	5	6	7	8	9	10	11	12
花　　期					━━━━						结果	
红叶期										━━━━━		
修　　剪			━━								━━━━━	
种　　植			━━									

野漆

● 树　形 ●

自然树形（老树）

7—11 月的状态

随着树龄的增长，
枝条的长势会变弱

12 月至次年
3 月的状态

果实 ➡
（10—11 月）

幼树时期，枝条长
势旺盛。长枝条得
整根剪掉

野漆是秋季会长出美丽红叶的树木。这种植物性质接近漆树，所以有的人碰到它的叶片会皮肤过敏。接触时需要注意。

种在公园和街边的乌桕是不同的植物，属于大戟科，不会导致皮肤过敏。

● 栽培要点

难以在日本东北地方以北的寒冷地区存活。背阴会影响到美丽的红叶，良好的日照与排水性极为关键。大棵植株不好移栽，再加上植株生长迅速，种植最好选用 2~3 年的盆栽苗。

肥培虽能使枝叶繁茂，却会影响叶子变红，所以不太需要施肥。需竭力避免氮元素，春季施少量的骨粉和草木灰即可。

● 修剪技巧

在枝条中间下刀，会明显影响植株自然的外形，因此枝条一定要整根剪掉。

修剪于 11—12 月的落叶期及 2 月下旬至 3 月中旬进行，得把切口的树液擦干净，涂上保护剂做好保护。

水青冈

月	1	2	3	4	5	6	7	8	9	10	11	12
花　期			▬	▬								
红 叶 期										▬	▬	
修　剪		▬	▬									▬
种　植		▬	▬								▬	▬

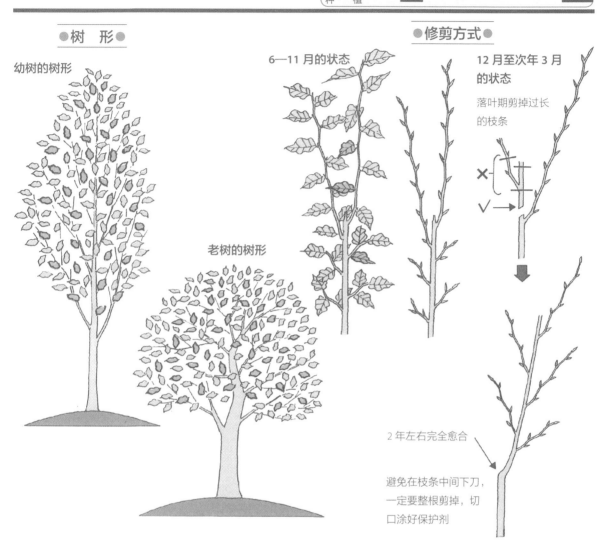

● 树 形 ●

幼树的树形

老树的树形

● 修剪方式 ●

6—11 月的状态

12 月至次年 3 月的状态

落叶期剪掉过长的枝条

2 年左右完全愈合

避免在枝条中间下刀，一定要整根剪掉，切口涂好保护剂

野漆、水青冈

水青冈的特征是秋季的黄叶格外美丽，冬季的枝条上挂满枯叶，树皮偏灰白色。与之相对的，日本水青冈的树皮呈暗灰色。

欧洲水青冈也有许多园艺品种，如垂枝品种、红叶品种、直立品种、矮生品种等。

● 栽培要点

水青冈长势旺盛，不怎么挑土质，适合种于日照条件好、排水性强、富含腐殖质的肥沃土地。

种植的适宜时期为 11—12 月及 2—3 月。

不需要特殊的肥培管理，但忌氮元素过量，这会致使叶片变大。

关于病虫害，地表部分常出现天牛幼虫。盆栽、盆景也会出现卷叶虫类，需尽早驱除。

● 修剪技巧

避免在枝条中间下刀，一定要整根剪掉。切口均匀涂抹保护剂做好保护。

修剪时期为 12 月和 1 月下旬至 3 月上旬。

红豆杉科●常绿针叶大灌木至乔木

东北红豆杉、矮紫杉

月	1	2	3	4	5	6	7	8	9	10	11	12
花　期			▬▬▬▬							结果		
叶片更新					▬▬							
修　剪						▬▬▬				▬▬		
种　植			▬▬▬					▬▬▬				

　　能长成高大植株的东北红豆杉多被种在寒冷地区，而矮紫杉多被种在平原地区。东北红豆杉的叶片呈两排平行生长，矮紫杉的叶片则呈螺旋状向四面生长，这便是二者的区别。矮紫杉有新枝呈淡黄色的变种，叫"金丝楠（Nana Aurescens）"。

●栽培要点

　　两个品种树形差异大；耐阴性都很强，但最好种在日照条件好、排水性强、土质肥沃的地方。

　　种植在 3 月下旬至 5 月及 8 月下旬至 11 月进行。种矮紫杉时尽量把土堆高，种得高一些。

　　施肥在 2 月和 8 月进行，将占总量 20%~30% 的骨粉拌入油粕后，在根部周围撒 2~3 把，同时每年（一年 1、2 次）在根部周围施 2~3 铲的干燥鸡粪和完熟堆肥。

　　植株长势弱时，容易出现介壳虫、叶螨（红蜘蛛）、罗汉肤小蠹等虫害。需定期喷洒药剂进行防治。

●修剪技巧

　　植株萌芽力强，耐深剪，枝条可以自由弯曲，因此矮紫杉有时被修剪成龟鹤、宝船、小动物等造型。调整外形时需考虑小枝的平衡，先修剪出基本形状，再沿着这个形状修剪。2~3 年进行一次整形修剪，一点点地修剪，用 3~4 年打造出心目中的造型。

　　对于做完造型的植株，剪掉上次整形修剪后伸长的部分即可。

　　可以在 6—7 月和 10 月下旬至 11 月进行 2 次修剪，或者在 5 月下旬和 8 月进行 2 次浅剪，10 月下旬至 11 月再进行一次修剪。

●树　形●

矮紫杉的云片造型

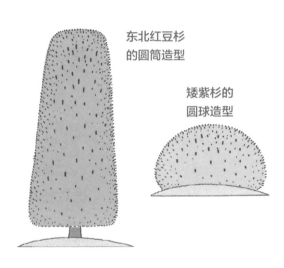

东北红豆杉的圆筒造型

矮紫杉的圆球造型

东北红豆杉的云片造型

●粗枝的弯曲方法●

●细枝的弯曲方法●

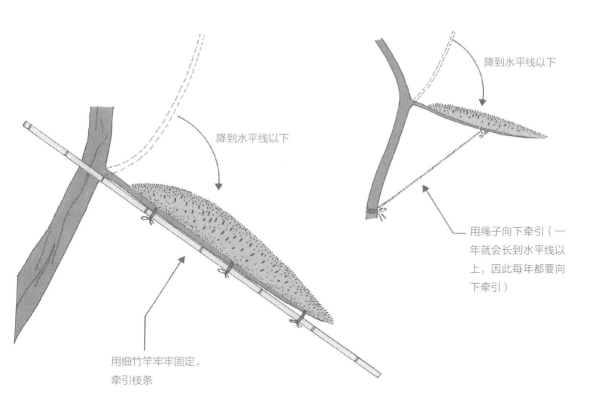

降到水平线以下

用细竹竿牢牢固定，牵引枝条

降到水平线以下

用绳子向下牵引（一年就会长到水平线以上，因此每年都要向下牵引）

东北红豆杉、矮紫杉

●如何剪去多余枝条●

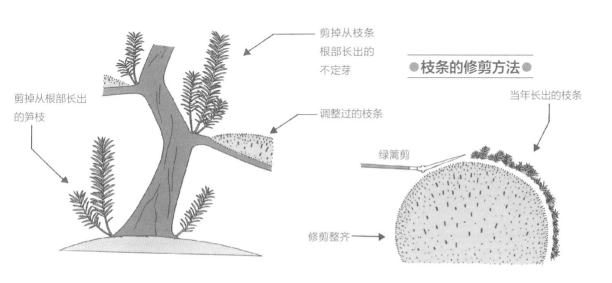

剪掉从枝条根部长出的不定芽

剪掉从根部长出的笋枝

调整过的枝条

●枝条的修剪方法●

当年长出的枝条

绿篱剪

修剪整齐

107

齿叶冬青

月	1	2	3	4	5	6	7	8	9	10	11	12
花　　　期					▬▬							
叶片更新				▬▬								
修　　　剪		▬▬▬▬▬▬▬▬▬▬▬▬▬▬▬▬										
种　　　植			▬▬▬▬▬					▬		▬		

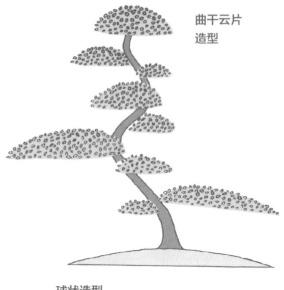

●树　形●

曲干云片
造型

这类树叫齿叶冬青这个名字，是因为它们的叶片长得像锯齿。

变种有龟甲冬青、斑叶品种等，此外还有黄果齿叶冬青、红果齿叶冬青等品种。

●栽培要点

齿叶冬青长势旺盛，对大气污染的抵抗力强，耐阴性强，不怎么挑土质，但根须会长得十分密集，因此种于适合富含腐殖质的土壤。

种植的适宜时期为3月下旬至5月上旬、8—10月。在温暖地区可于11月前种植。在树坑里要加入足量的完熟堆肥。

几乎不需要施肥，可出现根系盘结、严重干燥的情况时，原本健康的叶片可能会在冬季掉落。这时，应给植株施油粕、骨粉、化成复合肥料，或者在根部周围挖一圈深沟，埋入足量的干燥鸡粪和堆肥。

虫害有天牛幼虫、卷叶虫类、尺蠖等。一旦出现，立刻喷洒药剂进行驱除。

●修剪技巧

植株萌芽力强，即使1~2年放任不管，也能恢复茂盛，这正是齿叶冬青的最大特征。如果树形已经成型，则一年进行2~3次整形修剪，不弄乱树形即可。

修剪时，把上次修剪后长出的小枝用绿篱剪修剪即可。

此外，树干上粗枝的根部、树干贴近地面的位置长出许多笋枝和徒长枝，这些枝条一定要整根剪掉。

修剪在2月下旬至9月进行，为了把枝条控制在较短的程度，尽早修剪最为理想，如果枝条变长了，1年修剪2、3次足矣。

球状造型

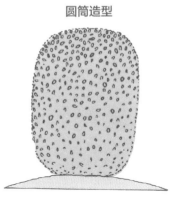

圆筒造型

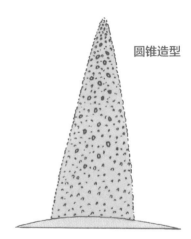

圆锥造型

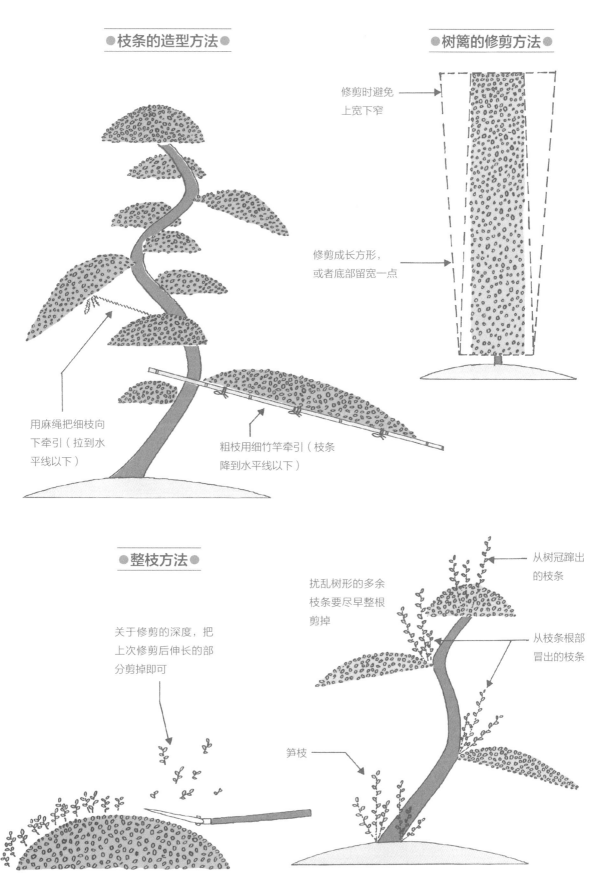

●枝条的造型方法●

修剪时避免
上宽下窄

●树篱的修剪方法●

修剪成长方形，
或者底部留宽一点

用麻绳把细枝向
下牵引（拉到水
平线以下）

粗枝用细竹竿牵引（枝条
降到水平线以下）

●整枝方法●

扰乱树形的多余
枝条要尽早整根
剪掉

从树冠蹿出
的枝条

关于修剪的深度，把
上次修剪后伸长的部
分剪掉即可

从枝条根部
冒出的枝条

笋枝

齿叶冬青

罗汉松

月	1	2	3	4	5	6	7	8	9	10	11	12
花　期						▬						
叶片更新				▬								
修　剪			▬▬▬		▬		▬				▬▬▬	
种　植			▬▬		▬			▬				

●树　形●

云片造型

罗汉松作为针叶树中的庭院观赏树，是颇有价值的树木。

同罗汉松相比，短叶罗汉松生长略迟缓，但枝叶繁茂美丽，在日本东京以西的地区很常见。

●栽培要点

罗汉松长势旺盛，对大气污染和海风的抵抗力强，具备耐阴性，萌芽力强，适合的修剪方式为整形修剪，能移栽，是一种非常优秀的树木。但因其属于暖地型植物，就算在日本关东地区，也得尽量避开冬季的干燥冷风，选择日照条件好、排水性强的肥沃土地种植。

在温暖地区，从 3 月开始便可以进行种植；在日本东京附近以北的地区，适宜在 4 月下旬至 5 月及 8 月下旬至 9 月种植。

种植完成后进行充分的肥培管理，可以使植株长成美丽的树形，但应注意避免氮元素过量。

施肥在 2 月和 8 月进行，将占总量 30% 的骨粉拌入油粕，根据树的大小在根部周围适量施用即可。

虫害有卷叶虫、介壳虫、蚜虫、天牛幼虫等，需尽早喷洒药剂进行驱除。

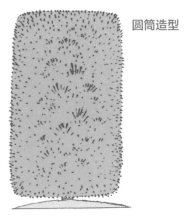

圆筒造型

●修剪技巧

与矮紫杉和东北红豆杉相比，罗汉松的枝叶较粗，但也是用绿篱剪来调整树形。可采用比较细致的打理方式，一根根地对枝条进行疏枝、短截。

分别在 3 月底至 4 月和 7 月各进行一次修剪。可以在 11—12 月细致地疏枝。

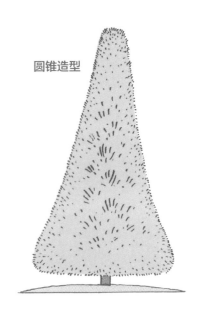

圆锥造型

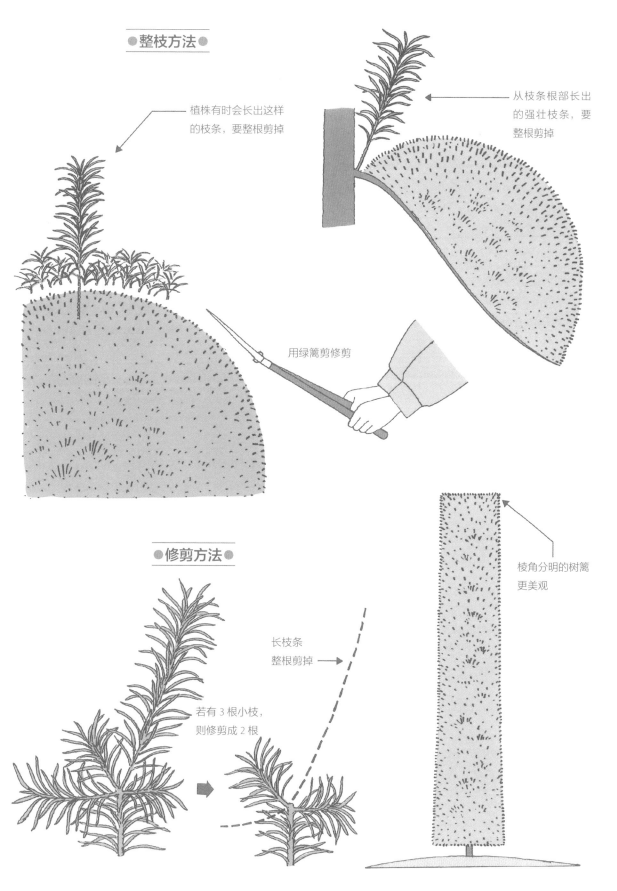

●整枝方法●

植株有时会长出这样
的枝条，要整根剪掉

从枝条根部长出
的强壮枝条，要
整根剪掉

用绿篱剪修剪

罗汉松

●修剪方法●

长枝条
整根剪掉

若有 3 根小枝，
则修剪成 2 根

棱角分明的树篱
更美观

青冈类植物

月	1	2	3	4	5	6	7	8	9	10	11	12
花　期					锥栗							
叶片更新												
修　剪												
种　植												

在青冈类植物中，被用作庭院观赏树的有尖叶栲、可食柯、小叶青冈、青冈、乌冈栎等，分别生长在不同的地域。尖叶栲、小叶青冈、青冈的耐寒性极强，分布在日本福岛县、新潟县以西、四国、九州地区。可食柯和乌冈栎分布的位置则比它们偏西一些。

●栽培要点

小叶青冈在内陆很常见。此外，尖叶栲、青冈、可食柯、乌冈栎的共同点是对烟雾和海风的抵抗力强，生长迅速，幼树时期就具备耐阴性，能够经受移栽和整形修剪。

种植的适宜时期为彻底转暖的4月下旬至5月及8月下旬至10月上旬。在日本关东南部以西的地区，可以从3月下旬开始种植。

常见的树形有大云片造型、短柱造型[⊖]、防风墙造型、圆柱造型。

种植完成后，如果土质特别恶劣，就施足量的完熟堆肥，同时在春秋两季各施一次拌有少量骨粉的油粕。如果土质普通，则几乎无须施肥。

病虫害有白粉病、纹羽病、簇叶病（尖叶栲易患）、煤污病、天牛幼虫、蚜虫、介壳虫等。

春夏期间，需定期喷洒药剂，同时进行整枝修剪，增强通风、采光，此为养护重点。

●修剪技巧

适宜的修剪方法为整形修剪法和疏枝修剪法。塑造树篱等造型采用整形修剪法，其他造型则用疏枝修剪法来调整树形，不过可能会比较费时间。

修剪在新枝停止生长的6月下旬至7月、夏芽发育成熟的10月中旬至12月进行。

小叶青冈的自然树形

尖叶栲的自然树形

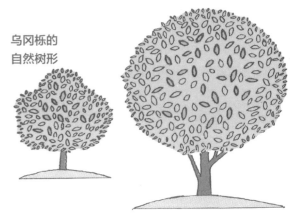

可食柯的自然树形

乌冈栎的自然树形

⊖　即把粗壮的主干或主枝修剪到适宜的高度，让上面的枝叶变得紧凑繁茂。

直棍造型

青冈

短柱造型

小叶青冈

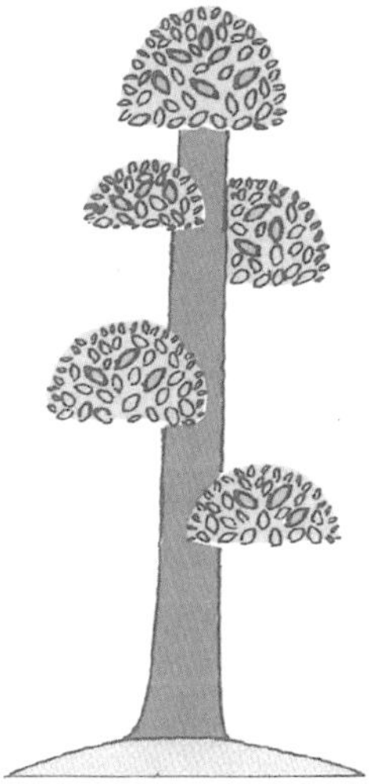

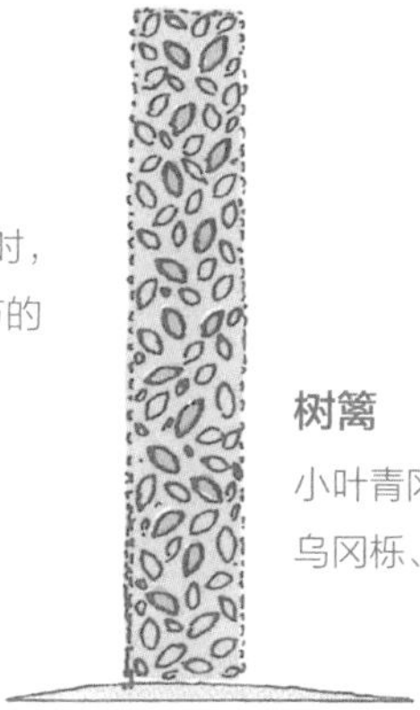

夏季整枝

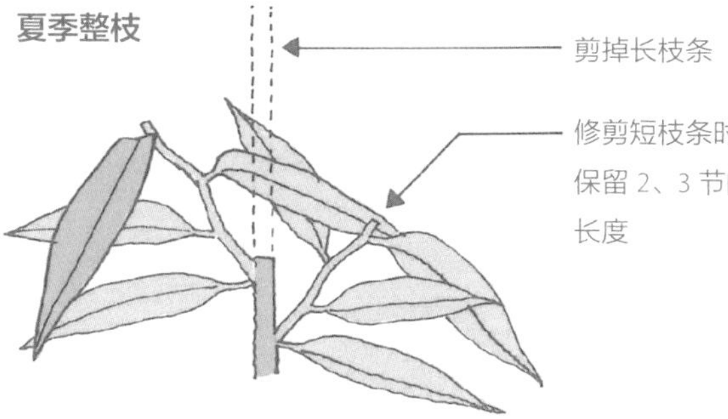

剪掉长枝条

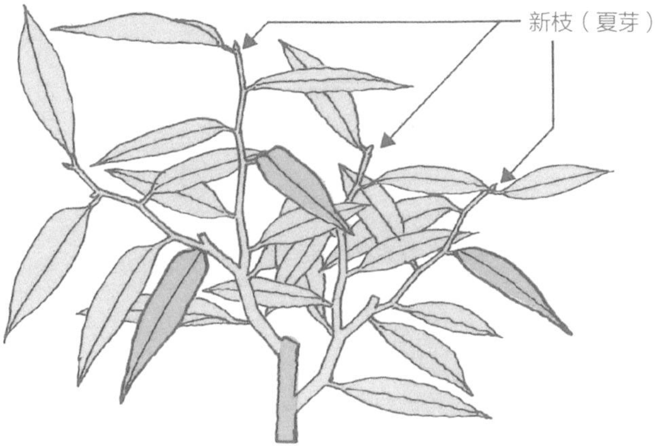

修剪短枝条时，
保留 2、3 节的
长度

树篱

小叶青冈、尖叶栲、
乌冈栎、青冈等

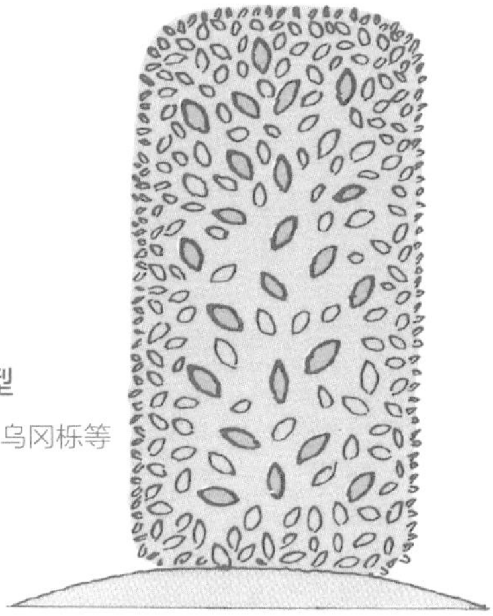

秋季的状态

新枝（夏芽）

圆筒造型

尖叶栲、乌冈栎等

青冈类植物

113

竹子

月	1	2	3	4	5	6	7	8	9	10	11	12
花　期												
叶片更新					▬	▬						
修　剪			▬	▬					▬	▬	▬	
种　植			▬	▬				▬	▬	▬		

竹子的品种异常多，自古以来，人们的庭院里种植过许多种类。

大型竹类（这里特指植株主干明显的种类）有毛竹、绿槽毛竹、龟甲竹；中型竹类有业平竹、紫竹、人面竹、方竹、金竹；小型竹类有倭竹等。而赤竹类（小型灌木状种类）常见的品种有山白竹、小山白竹（*Sasa veitchii* 'Minor'）、无毛翠竹等。

凤尾竹属于南方竹，地下茎较短，是一种直立性的竹子。

●栽培要点

竹子长势旺盛，也具有耐寒性，但适合种于富含腐殖质且尽量避风的温暖地方。

种在日照条件好、干燥的地方时，叶片颜色会变差，竹节生长不佳，因此得选在湿润的地方。

种植的适宜时期为距竹节生长至少 1 个月的时期。毛竹适宜在 3—4 月种植，在秋冬期间长竹节的方竹、寒竹等适宜在 8 月至 10 月上旬种植。

种植完成后，铺上腐叶土和完熟堆肥，在 2 月用拌有骨粉（占总量 20%）的油粕进行施肥。

病虫害有煤污病、介壳虫等。需定期喷洒药剂进行防治。

●修剪技巧

原本可以任植株自由生长，但大型毛竹等植株生长至 20~25 节高度时需进行摘心，剪去枝条的 2/3 左右，为小枝打造云片造型。业平竹在长到 2~2.5m 时摘心，从上往下进行，保留枝条的 5、6 节，其余全部剪掉，剩余的枝条则修剪成球状。

修剪在 3 月中旬至 4 月上旬或 9 月中旬至 11 月进行。

●各种各样的竹子●

大型竹类
毛竹、桂竹、绿槽毛竹等

大型赤竹类
山白竹等

热带性竹类（bamboo）
凤尾竹等

小型赤竹类
小山白竹、无毛翠竹等

中型竹类
业平竹、紫竹、人面竹、方竹等

寒竹等

●修剪方法●

待枝条伸长后，在次年 3 月前剪断

枝条又短又齐

弯折

长至约 4m 高时，一摇晃，上端就会弯折

●小型赤竹类的造型方法●

摘心后，高度会变得一致

每年 2 月至 3 月上旬进行整形修剪后，枝条会变整齐

●业平竹的造型方法●

每年进行整形修剪

在目标高度修剪

此外，短截枝条时保留 2 节左右的长度

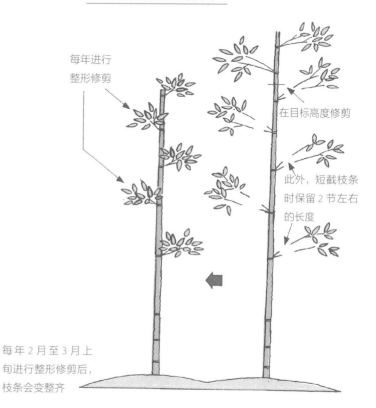

柏树

月	1	2	3	4	5	6	7	8	9	10	11	12
花　　期												
叶片更新												
修　　剪												
种　　植												

柏树中，在庭院里常见的有日本扁柏、日本花柏、云片柏、凤尾柏、羽叶花柏、绒柏、线柏、侧柏、圆柏、铺地柏、龙柏、北美香柏、罗汉柏等。柏树园艺品种也丰富多样。

●栽培要点

柏树耐阴性强，不惧潮湿的土地，通常适合种于日照条件好、排水性强的肥沃土地。

龙柏对海风和大气污染的抵抗力特别强。

种植的适宜时期为 3—5 月及 9—12 月，在日本东京以西的温暖地区，只要根系状况良好，除了 7—8 月的盛夏时节，其余时间均可种植。

施肥在 2 月和 8 月下旬进行，将占总量 20% 的骨粉与油粕混合后（或使用颗粒状化成复合肥料）往根部周围撒 2~3 把即可。

关于病虫害，龙柏会生红斑病、叶螨（红蜘蛛）。需喷洒药剂进行防治。除此之外，没有什么需要特别注意的。

●修剪技巧

通风采光恶劣、叶片过于繁茂时，闷热会导致植株小枝枯萎。另外，如果对细碎的叶片放任不管，它们 3 年左右就会枯萎掉落。绿色小叶掉落后，茶褐色的枝条难以萌芽，因此修剪的关键在于趁早进行整形修剪（在枝条还没伸得太长时）。

从新枝开始生长的 4 月下旬至 9 月，最好剪去短芽的芽尖（不限次数），如果数量不多，可以用手摘掉。普通家庭修剪 2、3 次即可。用枝剪修剪时，会出现暂时的微弱的枯萎现象，但 2 个月左右便能恢复生机。

●树　形●

推荐造型

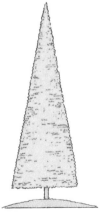

圆锥造型
日本扁柏、日本花柏、羽叶花柏、云片柏、龙柏、绒柏等

圆柱造型
云片柏、绒柏、羽叶花柏等

云片造型 1
云片柏、羽叶花柏等

球状造型
球柏、日本扁柏、日本花柏、龙柏等

云片造型 2
龙柏、羽叶花柏、绒柏、云片柏等

变形圆锥造型
龙柏、羽叶花柏、绒柏、云片柏等

●摘 芽●

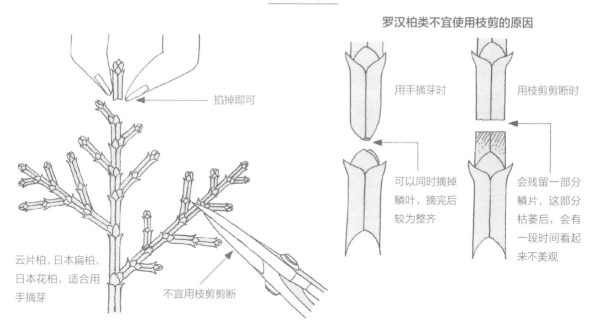

掐掉即可

云片柏、日本扁柏、日本花柏，适合用手摘芽

不宜用枝剪剪断

罗汉柏类不宜使用枝剪的原因

用手摘芽时

可以同时摘掉鳞叶，摘完后较为整齐

用枝剪剪断时

会残留一部分鳞片，这部分枯萎后，会有一段时间看起来不美观

柏树

●造型方式●   ●线柏的整枝●

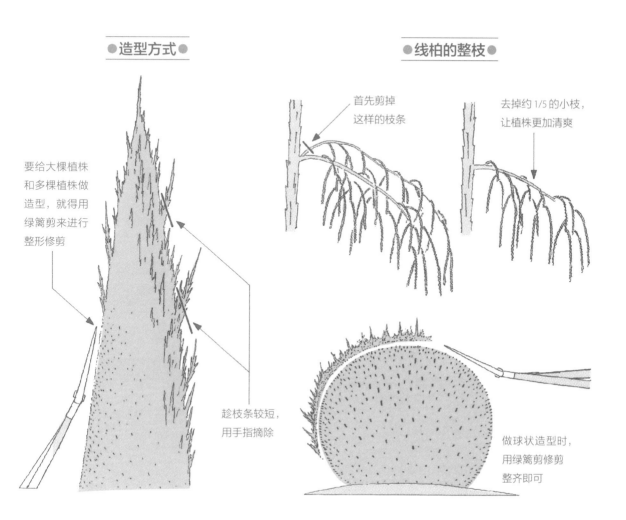

要给大棵植株和多棵植株做造型，就得用绿篱剪来进行整形修剪

趁枝条较短，用手指摘除

首先剪掉这样的枝条

去掉约 1/5 的小枝，让植株更加清爽

做球状造型时，用绿篱剪修剪整齐即可

松树

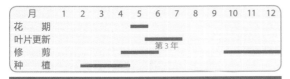

月	1	2	3	4	5	6	7	8	9	10	11	12
花　期												
叶片更新												
修　剪					第3年							
种　植												

日本的四季美景，在全球可以说排得上前几名。而营造出这种美景的是春季的樱花、初夏的新绿、秋季的槭树，以及把它们衬托得更加美丽的赤松。

此外，黑松可谓给丰富多彩的海岸线风景增添了几分美丽。

日本的庭院和公园里种植率高的松树有黑松、树干呈红棕色的赤松、针叶5针一束的日本五针松、赤松的变种千头赤松、针叶3针一束且长度达30~40cm的长叶松（北美原产）等。而且有适合不同地区种植的品种，如适合寒冷地带的欧洲赤松（欧洲原产）、适合冲绳县等亚热带地区的琉球松。

在日本，黑松、赤松、日本五针松虽然都分布在从本州至四国、九州等地，却也能够在北海道南部生长。

它们有许多变种，这也证明，松树从古至今一直都被人们当作庭院观赏树和盆栽树。

●栽培要点

观察野生的松树，会发现沿海地区生长的都是黑松，它们生有灰黑色的树皮、挺拔的枝叶，是一种很适合海边环境的松树。从海岸进入内陆后，与樱花、枫树、杂木混杂在一起生长的是赤松。再往海拔高处走，就能看到日本五针松了。

每一种都长势旺盛，在稍微贫瘠的土地里也能健康生长，但它们更适合生长于日照条件好、排水和通风也好的地方。另外，种植时把土堆高些很重要。

黑松、日本五针松的一大特征是对大气污染和海风的抵抗力强。

种植的适宜时期为2月下旬至4月。植株根系发达的植株，可在10月至五六月种植。

松树的造型有让树干大幅度弯曲、枝条向四面扩散的造型，即"曲干云片造型"，还有树干不弯曲的"直干造型"以及"门框造型"，这些都是极具代表性的造型。松树的盆栽造型也颇具王者风范。

虽说松树耐得住土地贫瘠，但庭院或盆栽种植条件毕竟和自然界中的不同，还是需要进行肥培的。不过，无须使用过多的肥料，在2月和8月下旬施肥，将占总量20%~30%的骨粉拌入油粕后往植株根部周围撒2~3把即可。

松树的虫害特别多，最近引发热议的赤松林松材线虫便是最棘手的一种害虫，还有蚜虫、赤松毛虫、介壳虫、叶螨（红蜘蛛）等害虫。另外，不同品种的松树会染上不同的病害，如叶锈病、煤污病等。需喷洒杀虫剂、杀菌剂等，尽早进行有针对性的防治、驱除工作。

●修剪技巧

生长在山野中的松树，随着树龄增长到50年、100年、200年……其外形会变得愈发威风。但种在庭院中时，我们无法在短时间内将松树打造出与之风格近似的树形。

能自由调整粗树干和枝条是松类植物的一大特征。但如果后期疏于打理，树形会立刻变得乱糟糟的。

从前，松树因为被认为是"费力气的庭院观赏树 = 费钱的树"而被人们敬而远之。这一点到了今天仍未改变，只要一年不管，松树就会沦为"普通树木"，所以需要定期打理。

将松树作为庭院观赏树时，在4月下旬至6月上旬，当枝梢冒出的新枝展开叶片，便进行"摘绿"（即摘除上年的叶片，不全摘，稍微保留一点）；在10月中旬至12月，进行"摘针"（即整理摘绿后萌发的夏芽，摘除针叶，调整枝条）。这两项工作必不可少。

赤松需在冬季用钢刷和稻草绳，为树干与粗枝进行一次梳理，让植株更加美丽。

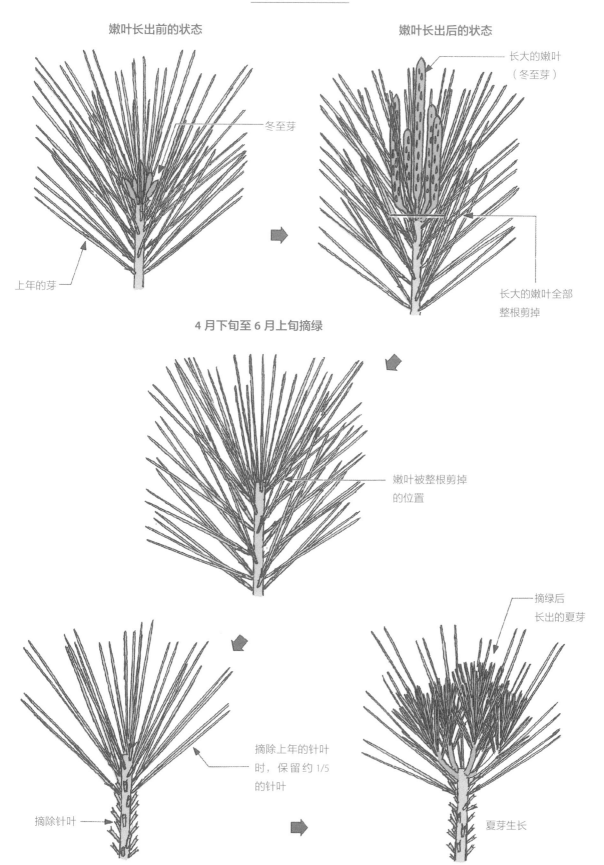

●松树的摘绿●

嫩叶长出前的状态

冬至芽

上年的芽

→

嫩叶长出后的状态

长大的嫩叶
（冬至芽）

长大的嫩叶全部
整根剪掉

松
树

4月下旬至6月上旬摘绿

嫩叶被整根剪掉
的位置

摘除上年的针叶
时，保留约1/5
的针叶

摘除针叶

→

摘绿后
长出的夏芽

夏芽生长

●摘 针●

10 月后进行

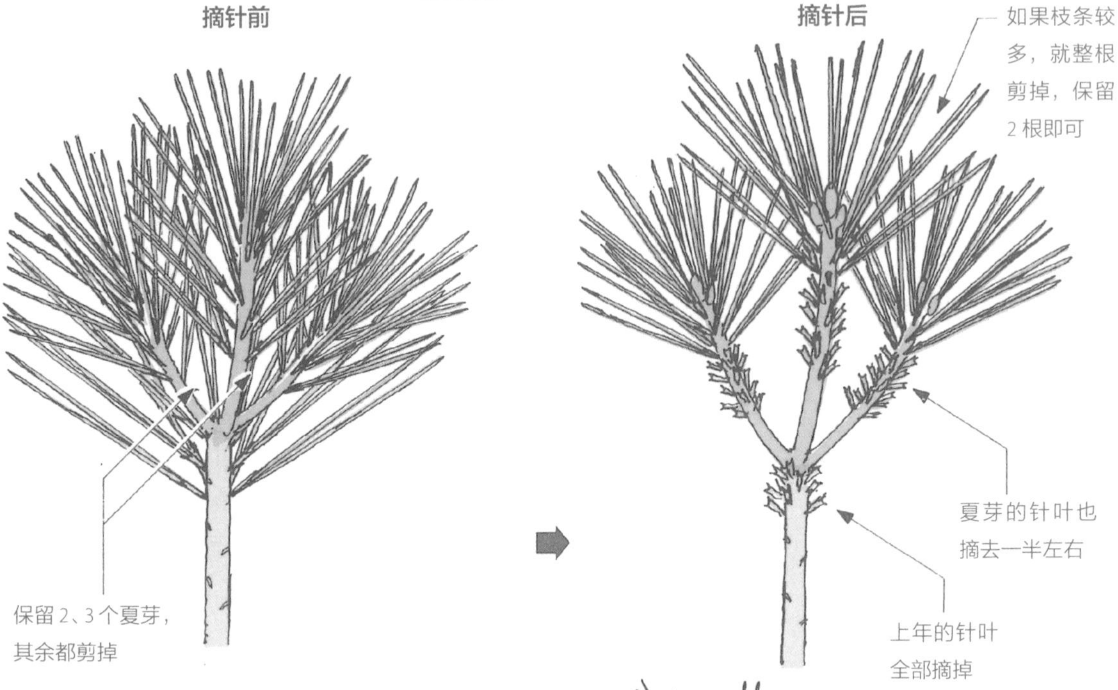

摘针前

摘针后

如果枝条较多，就整根剪掉，保留2根即可

保留2、3个夏芽，其余都剪掉

夏芽的针叶也摘去一半左右

上年的针叶全部摘掉

●没有摘绿的枝条●

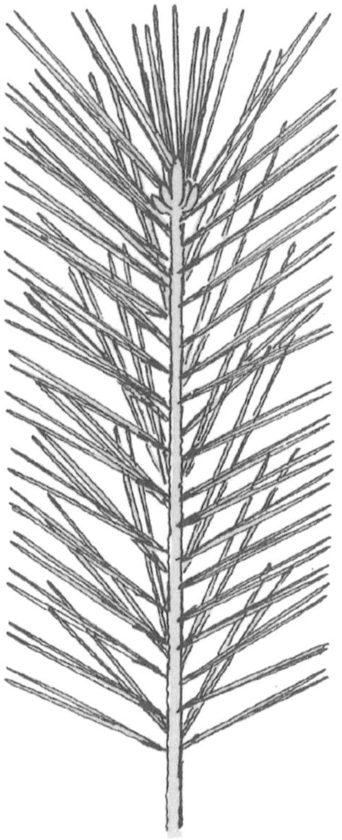

没有摘绿，枝条留长的情况

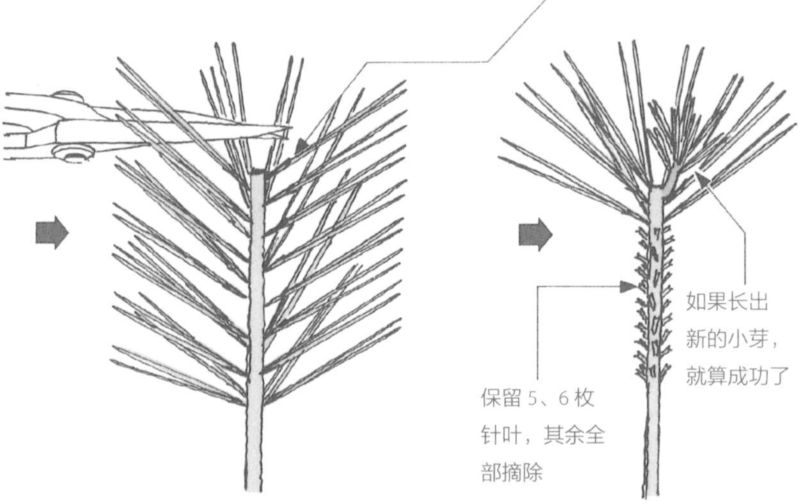

在希望发芽的位置下刀

保留5、6枚针叶，其余全部摘除

如果长出新的小芽，就算成功了

120

●枝条的造型方式●

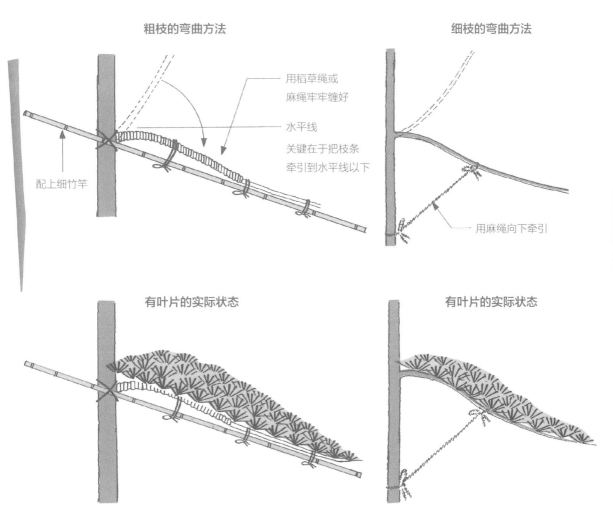

粗枝的弯曲方法

配上细竹竿

用稻草绳或
麻绳牢牢缠好

水平线

关键在于把枝条
牵引到水平线以下

有叶片的实际状态

细枝的弯曲方法

用麻绳向下牵引

有叶片的实际状态

松树

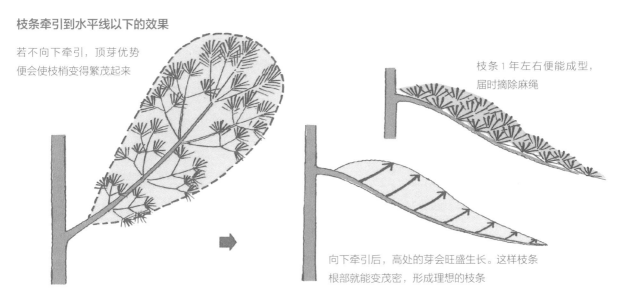

枝条牵引到水平线以下的效果

若不向下牵引，顶芽优势
便会使枝梢变得繁茂起来

枝条 1 年左右便能成型，
届时摘除麻绳

向下牵引后，高处的芽会旺盛生长。这样枝条
根部就能变茂密，形成理想的枝条

全缘冬青

月	1	2	3	4	5	6	7	8	9	10	11	12
花　　期					▬							
叶片更新				▬								
修　　剪							▬			▬		
种　　植					▬			▬				

全缘冬青为雌雄异株，雌株花后结果，直径不到 1cm 的球形果实在秋季变红成熟。但这种树很少被当成果树，多被当成观叶树。

与之相似的铁冬青靠嫁接来繁殖雌株，被当作果树来欣赏。

●栽培要点

全缘冬青长势旺盛，不怎么挑土质，但植株越大越喜欢阳光，因此适合种于日照条件好、排水性强的肥沃土地。

全缘冬青对大气污染的抵抗力强，耐阴性强，大棵植株也能够移栽。

虽说耐寒性强，但在日本东京附近的地区，适宜的种植时期为彻底转暖的 5 月及 8—9 月。

修剪造型时，通常把粗枝调整成大云朵状，也可以修整出各种各样的造型，如短柱造型、圆筒造型、圆柱造型、树篱造型等。

种植完成后，在 2 月和 8 月下旬施肥。将占总量 20%~30% 的骨粉拌入油粕，往根部撒 2~3 把即可。如果土质不太好，1—2 月可在根部周围挖一圈土沟，把干燥鸡粪、腐叶土、堆肥等填进去，进行肥培管理。

容易出现的病虫害有卷叶虫、介壳虫、煤污病等。初夏至初秋，得定期喷洒药剂，努力做好预防工作。

●修剪技巧

全缘冬青萌芽力非常强，粗壮的部位也容易萌芽，因此可根据自己的喜好来决定修剪强度、造型大小。

枝条通常适合一年短截两次，分别在 6 月下旬至 7 月、10 月下旬以后进行。

整枝时剪去春季新枝中的长枝条，修剪剩下的枝条时保留 1~2 节的长度，同时摘掉上年的叶片。

●树　形●

自然树形

短柱造型

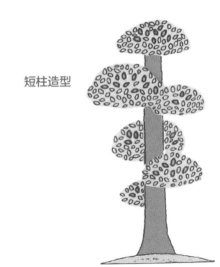

云片造型

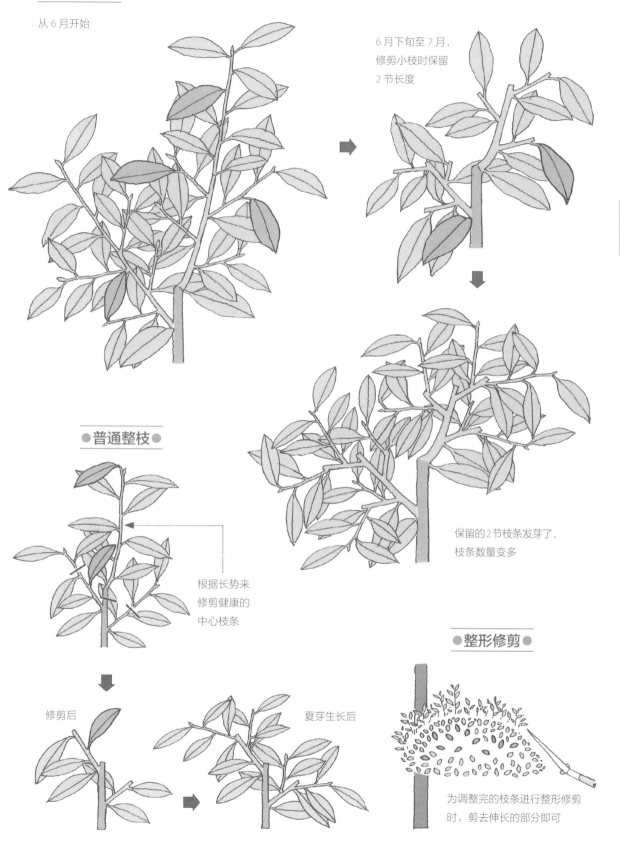

●修剪方法●

从 6 月开始

6 月下旬至 7 月,
修剪小枝时保留
2 节长度

●普通整枝●

根据长势来
修剪健康的
中心枝条

保留的 2 节枝条发芽了,
枝条数量变多

●整形修剪●

修剪后

夏芽生长后

为调整完的枝条进行整形修剪
时,剪去伸长的部分即可

123

厚皮香

月	1	2	3	4	5	6	7	8	9	10	11	12
花　　期						▬▬						
叶片更新					▬▬▬							
修　　剪						▬▬			▬▬▬▬▬▬▬			
种　　植			▬▬▬▬▬					▬▬▬▬				

厚皮香是分布在日本关东南部以西至伊豆诸岛、四国、九州、冲绳等温暖地区的山茶科植物。这种树木跟红淡比和柃木一样,富有光泽的美丽肉质叶片和树形比花朵更值得欣赏,是一种具代表性的"观叶树"。

●栽培要点

尽管厚皮香生长有点迟缓,但它对海风和大气污染的抵抗力强,也具备耐阴性等,是一种长势旺盛的树木。然而,如果要在普通家庭环境里栽培厚皮香,还是选择日照条件好、排水性强、土壤肥沃的避风处为好。

在日本东京附近的地区,种植厚皮香的适宜时期为彻底转暖的5月及8月至9月中旬。而在温暖地区,可以在3月中旬至5月及8—10月种植。

调整造型时,不用修剪出特别明显的形状,对自然树形稍作整理即可。不过圆筒造型和球状造型也很有意思。

种完后基本不需要肥培管理。分别在2月和8月下旬各施一次肥,将占总量20%~30%的骨粉拌入油粕,往根部周围撒2~3把即可。

夏季易生卷叶虫。如果虫子数量较多,2~3天植株就会变得光秃秃的,得尽早预防、驱虫。此外病虫害还有介壳虫、白粉病、褐斑病等,需定期喷洒药剂进行防治。

●修剪技巧

在6—7月或10月下旬以后进行修剪,通过疏枝来整理树形。幼树修剪一次足矣,其他植株只要剪去严重扰乱树形的乱枝和不定芽即可。

若花朵明显变多,说明植株长势变弱了,要特别注意。这时需进行适当的肥培管理,帮植株恢复长势。

●树　形●

自然树形

适合种于庭院的厚皮香,即使不怎么打理,植株也能长成这样的树形

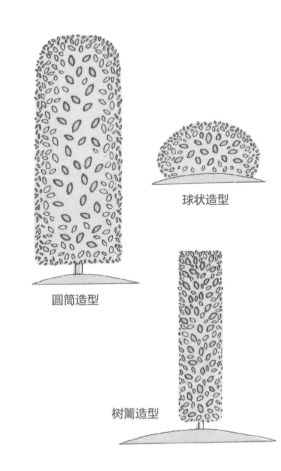

球状造型

圆筒造型

树篱造型

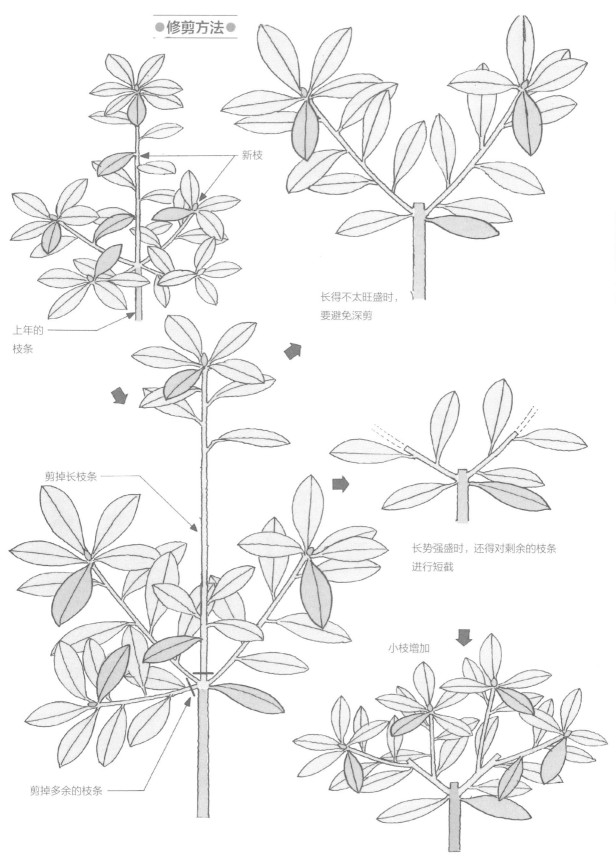

●修剪方法●

新枝

上年的
枝条

长得不太旺盛时，
要避免深剪

厚皮香

剪掉长枝条

长势强盛时，还得对剩余的枝条
进行短截

小枝增加

剪掉多余的枝条

125

三裂树参

月	1	2	3	4	5	6	7	8	9	10	11	12
花　　期							■	■				
叶片更新					■							
修　　剪						■	■			■	■	■
种　　植				■	■			■	■	■		

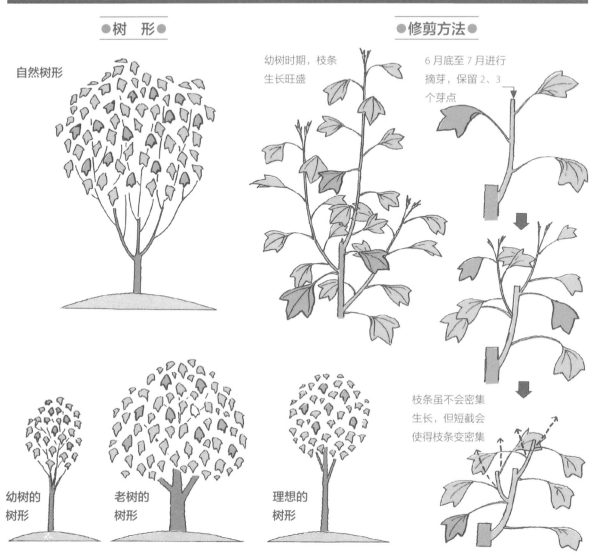

●树　形●

自然树形

幼树的
树形

老树的
树形

理想的
树形

●修剪方法●

幼树时期，枝条
生长旺盛

6月底至7月进行
摘芽，保留2、3
个芽点

枝条虽不会密集
生长，但短截会
使得枝条变密集

　　三裂树参的叶片形状像蓑衣，植株耐阴性极强，比较接近八角金盘。在耐阴植栽景观中，青木、三裂树参都是不可或缺的树木。

●栽培要点

　　三裂树参对海风、大气污染的抵抗力强，耐阴性强，但适当的阳光能让植株的枝叶更紧凑。三裂树参不怎么挑土质，属于暖地型植物，种植地区最北可到日本东北地方南部一带。

　　在日本东京附近，种植的适宜时期为4月下旬至5月及8月下旬至10月中旬。

　　只要土地不是特别贫瘠，就无须施肥。

　　病虫害有黑斑病、介壳虫等，需尽早防治。

●修剪技巧

　　幼树时期枝条生长旺盛，如果任其生长，叶片会交错纠缠。对于种在窄窗边的植株，进行疏枝的同时，修剪枝条并保留2、3节的长度，如此便可促进新芽萌发。

　　修剪在6—7月及10月下旬至12月进行。

针叶树

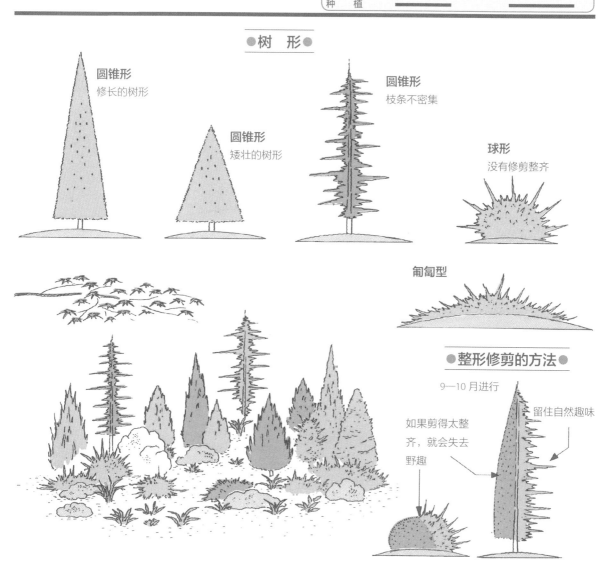

●树 形●

圆锥形
修长的树形

圆锥形
矮壮的树形

圆锥形
枝条不密集

球形
没有修剪整齐

匍匐型

●整形修剪的方法●

9—10 月进行

如果剪得太整齐，就会失去野趣

留住自然趣味

针叶树是红豆杉科、罗汉松科、松科、杉科、柏科等的总称，最近在日本也会指代松柏类中树形、叶片都十分美丽的小型灌木。

●栽培要点

良好的日照与排水条件是栽培针叶树的首要条件。许多品种都具强耐寒性，从欧洲引进的树种在日本东北地方大放异彩，呈现出美丽的叶色。

肥沃的土壤能让植株枝繁叶茂，栽培用的培养土有富士砂、桐生砂等，可以在里面拌入瓦砾和腐叶土，打造出岩石风格的庭院景观。种植适宜在 2 月中下旬至 5 月上旬、9—11 月进行。

在 2 月和 8 月下旬施肥，将占总量 30% 的骨粉拌入油粕后少量施用即可。

不同的树种有不同的病虫害，春秋间需定期喷洒药剂，进行防治。

●修剪技巧

和柏树一样，枝条生长旺盛的植株需尽早摘去芽尖。

日本柳杉

月	1	2	3	4	5	6	7	8	9	10	11	12
花　期		▬										
叶片更新						▬						
修　剪						▬		▬	▬			
种　植			▬▬▬					▬	▬▬▬▬			

●修剪方法●

- 6月底至7月，按疏枝的窍门来修剪多余枝条
- 尽量避免采用短截这样的修剪方式

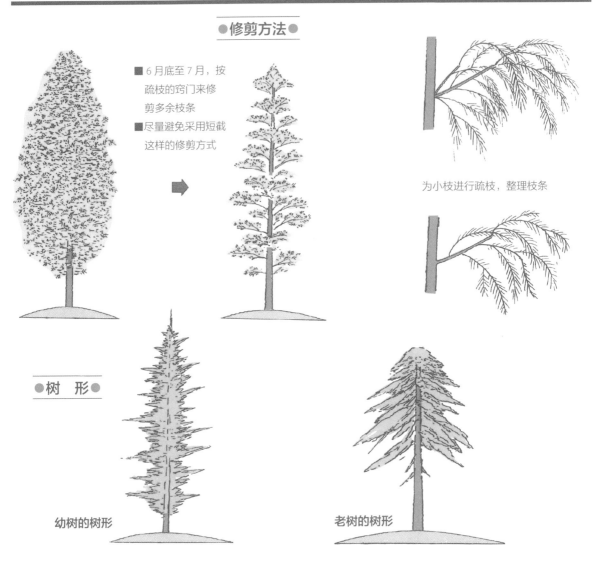

为小枝进行疏枝，整理枝条

●树　形●

幼树的树形

老树的树形

　　日本柳杉在日本有许多林业品种，产地遍布日本各地。同时它也可作为庭院观赏树，并有不少园艺品种，如枝叶纤细的被叫作吉野杉的品种、京都北山培育的被叫作北山台杉的品种。

●栽培要点

　　尽管日本柳杉是阳生植物，但它适合在湿度高、排水性强的肥沃土地生长，因此得在种植区域添加含有腐殖质的土壤，增强储水性。此外，植株的枝叶喜欢充足的阳光，而根部得避免阳光直射。

　　种植的适宜时期为3—4月及9月至11月中旬。

　　在2月和8月下旬施肥，将占总量30%的骨粉拌入油粕，往根部周围撒2~3把即可。

　　病害有锈病。需尽早喷洒药剂防治。

●修剪技巧

　　日本柳杉萌芽力强，也耐修剪，可以对小枝进行整形修剪，打造出大小适合种植空间的造型。相较于待枝条伸长后深剪，趁早修剪会更好。

　　修剪在3月萌芽前或新枝结束生长的6月下旬至7月、10月下旬至12月进行。

月	1	2	3	4	5	6	7	8	9	10	11	12
花　　期												
叶片更新							▬					
修　　剪						▬▬			▬	▬		
种　　植			▬▬▬▬▬						▬▬▬▬▬▬			

球柏

●树　形●

自然状态的球柏

如果放任不管，枝条会伸长

若继续放任生长，
树形就会变成这样

●整形修剪的方法●

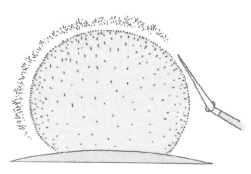

6月底至7月和9—10月用绿篱剪修剪2、3次，
就能打造出美丽的外形

> 许多人都觉得球柏即使放任不管，也能长
> 成好看的球状，这是大错特错。其实，球
> 柏只有靠整形修剪才能打造出美丽的树形

修剪整齐的球柏

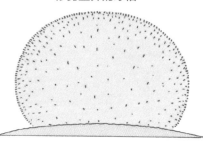

作为针叶树，球柏是为数不多的球形树种。
不过，许多人以为对其放任不管，它也能自然长
成球状。其实，球柏的枝条会从根部分成多根，
植株会向上生长。想拥有整齐的球状树形，需要
进行整形修剪。

●栽培要点

球柏适合种于日照条件好、排水性强的沙质
土壤中。它对海风和大气污染的抵抗力很强，适
合种在海边。

种植的适宜时期为3—5月及9月至12月中旬。

在2月和8月施肥，将占总量20%的骨粉拌
入油粕后，往根部周围撒1~2把即可。

关于病虫害，到了夏季的干燥期，会出现锈
病和叶螨（红蜘蛛），需尽早防治。

●修剪技巧

在放任不管的情况下，植株是不会长成球状
的，适当的打理必不可少。在6月下旬至7月、
10月下旬至12月进行2、3次修剪。不论什么时
期，只要枝条伸长一点就立刻修剪，如此便能打
造出美丽的球状树形。

日本柳杉、球柏

柊树

月	1	2	3	4	5	6	7	8	9	10	11	12
花　　期										▬	▬	
叶片更新						▬						
修　　剪						▬▬				▬		
种　　植				▬	▬			▬▬	▬▬			

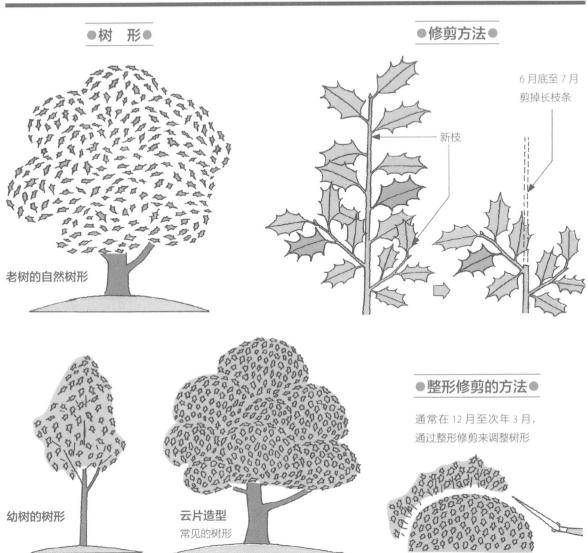

●树　形●

老树的自然树形

幼树的树形

云片造型
常见的树形

●修剪方法●

6 月底至 7 月
剪掉长枝条

新枝

●整形修剪的方法●

通常在 12 月至次年 3 月，
通过整形修剪来调整树形

柊树的特征是叶片叶缘有刺状的锯齿。斑叶柊树为柊树的变种，刺叶木樨则是其近缘种。而看着相似的结红果实的枸骨和欧洲枸骨都是冬青科的品种。

●栽培要点

柊树耐阴性强，但适合在日照条件好、排水性强、富含腐殖质的肥沃土地生长。柊树不喜欢冬季的寒风，种植时得避开这样的地方。

种植的适宜时期为彻底转暖的 5 月及 8 月下旬至 10 月上旬。

在 2 月和 8 月下旬施肥，将占总量 20% 的骨粉拌入油粕后，往根部周围撒 2~3 把即可。

虫害有介壳虫、潜叶蝇的幼虫等，一旦发现就立刻驱除。

●修剪技巧

柊树萌芽力强，可以进行深剪，因此能修剪出适合种植地的树形。整形修剪在新枝长成的 6 月下旬至 7 月和夏芽停止生长的 10 月下旬以后进行。即使是自由生长的植株，也可以通过修剪粗枝部位来促进新枝生长。

月	1	2	3	4	5	6	7	8	9	10	11	12
花　期										▬	▬	
叶片更新							▬					
修　剪	▬	▬	▬								▬	▬
种　植				▬	▬			▬	▬			

八角金盘

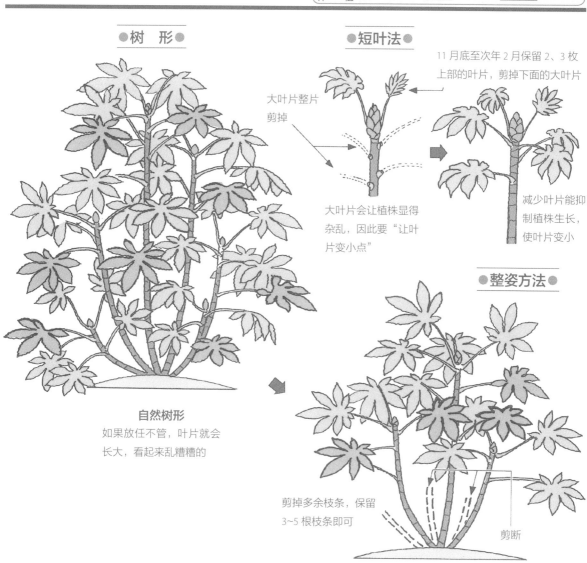

●树　形●

自然树形
如果放任不管，叶片就会
长大，看起来乱糟糟的

●短叶法●

大叶片整片
剪掉

大叶片会让植株显得
杂乱，因此要"让叶
片变小点"

11 月底至次年 2 月保留 2、3 枚
上部的叶片，剪掉下面的大叶片

减少叶片能抑
制植株生长，
使叶片变小

●整姿方法●

剪掉多余枝条，保留
3~5 根枝条即可

剪断

柊树、八角金盘

八角金盘手掌状大叶片，深裂成 7~9 片，因此在日本有个别名叫"天狗的团扇"。在庭院观赏树中，八角金盘可谓是耐阴性超级强的树木。园艺品种有叶片带斑点的。

●栽培要点

八角金盘耐阴性强，对大气污染抵抗力强，可谓是庭院北侧和中庭必不可少的树木之一。八角金盘生长略迟缓，喜好富含腐殖质的湿地，种植时得避开烈日照射的干燥土地。

种植的适宜时期为温暖的 5 月及 8 月下旬至10 月上旬，在温暖地区，3 月和 11 月也可种植。

在 2—3 月及 10 月下旬施肥，将占总量20%~30% 的骨粉拌入油粕，往根部周围撒一小把即可。

●修剪技巧

八角金盘的枝条每年都会生长，但少分枝。若在 11 月至次年 2 月剪掉老叶片，并保留顶部 2、3 枚叶片，下一波长出的叶片就会变小，植株长成紧凑的树形。保留 3~5 根枝条，把细杂的枝条剪干净，如此便能打造出美丽的植株。

其他树种

青木

月	1	2	3	4	5	6	7	8	9	10	11	12
果实成熟期												
花芽形成				开花								
修剪												
种植												

把树冠修剪成球形或
倒卵形

长枝条整根剪掉

青木是一种广泛分布在日本本州宫城县以南至冲绳地区的灌木,绿色的枝叶是其名字的来源。它耐阴性强,对大气污染抵抗力强,和八角金盘一样,是耐阴植栽景观中不可缺少的树木。变种很多,比如斑叶品种和白果青木等。

●栽培要点

青木不喜特别干燥的地方。如果种在富含腐殖质、肥沃的湿润土壤里,即使日照强烈,植株也能健康生长。

几乎不需要施肥。

虫害有介壳虫。在2—3月,喷洒2、3次石灰硫黄合剂便能有效驱除。

●修剪技巧

植株个体间存在差异,有的会长出粗壮的枝条,有的则长出茂密的小枝,对长枝条进行短截,对细杂枝条进行疏枝。3月至4月上旬为整枝时期。

金雀儿

月	1	2	3	4	5	6	7	8	9	10	11	12
花期												
花芽形成												
修剪												
种植												

如果放任不管,枝条就会
下垂,扰乱树形,花后应
尽早短截至目标位置

金雀儿开花时黄色的蝴蝶状花朵开满枝条。它的叶片很小,和枝条颜色一样,所以即便落叶了,植株整体看起来也跟之前没什么两样。园艺品种很多。

●栽培要点

凭借豆科特有的根瘤菌,金雀儿对贫瘠土地的忍耐力极强,只要保证日照与排水良好,它在任何地方都能生长。

几乎不需要施肥。

没有什么病虫害。

●修剪技巧

可以放任不管,但这样会使树冠变大,但金雀儿的树干又不太粗,所以植株容易倒伏。需要给倒伏的植株加上支柱。

避免统一修剪柔软纤细的枝条,对杂乱的部分进行疏枝,保持自然树形即可。花朵会开在上年生枝条的叶腋处,修剪应在花后及时进行。

木樨科 ●落叶阔叶小灌木 ●花期 3—4 月

迎春花

月	1	2	3	4	5	6	7	8	9	10	11	12
花期			▬	▬								
花芽形成							▬					
修剪		▬		▬						▬	▬	
种植			▬	▬					▬	▬		

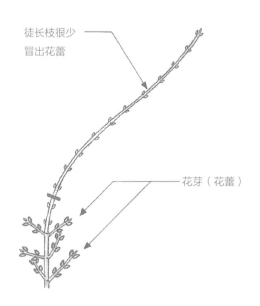

徒长枝很少
冒出花蕾

花芽（花蕾）

茉莉属可以说是芬芳花树的代名词，但该属中的迎春花几乎没有香气。在长出叶片前，迎春花会开出直径约 3cm 的黄色六瓣花朵。迎春花是我国原产的花树，如今在日本被广泛种植在北海道南部至九州等地。

●栽培要点

迎春花耐旱性强，在石墙上也能茁壮生长，选择日照条件好、排水性强的地方种植即可。

种植的适宜时期为 3 月中旬至 4 月及 9—10 月。

过量的氮元素会令花朵变少。2—4 月施一次肥，将占总量 40% 的骨粉拌入油粕后，往根部周围撒 1~2 把即可。

●修剪技巧

冬春期间深剪会令花朵变少。修剪适合在花后及时进行，剪去明显扰乱树形的枝条即可。

蔷薇科 ●常绿至落叶阔叶灌木 ●果实成熟期 11 月至次年 1 月

枸子属植物

月	1	2	3	4	5	6	7	8	9	10	11	12
果实成熟期	▬	▬								▬	▬	▬
花芽形成				开花			▬	▬				
修剪		▬	▬									
种植				▬	▬			▬	▬			

4~5 年生的老枝要整根
剪掉，促进枝条更新

这一属植物中人们最常种植的是平枝枸子，别名为枸刺木。虽然它是常绿植物，但在日本东京以北的地区秋季叶片会变红并落叶。另外，平枝枸子自生于我国西南部的山地，作为耐寒性强的庭院观赏树，具有很高的价值。

●栽培要点

这类植物长势旺盛，适合种于日照条件好、排水性强、偏干燥的地方。

种植的适宜时期为 4 月下旬至 5 月上旬和 8 月下旬至 9 月。

在 2 月施肥，将占总量 30%~40% 的骨粉拌入油粕后，少量施用即可。

●修剪技巧

即使放任不管，树形也不会变乱，几乎无须打理，但要整根剪掉 4~5 年生的老枝，以促进枝条更新。修剪在 2—3 月进行。

青木、金雀儿、迎春花、枸子属植物

133

白棠子树

月	1	2	3	4	5	6	7	8	9	10	11	12
果实成熟期										▬	▬	▬
花芽形成					开花		▬	▬				
修 剪		▬	▬	▬								
种 植											▬	▬

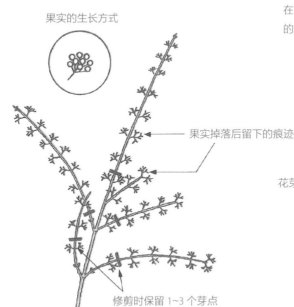

果实的生长方式

果实掉落后留下的痕迹

修剪时保留 1~3 个芽点

白棠子树与日本紫珠同类。在日本，日本紫珠分布在北海道南部至冲绳地区，白棠子树则分布在东北地方中部以西至冲绳地区。植株不高，十分紧凑，果实密集的白棠子树和白色果实的白果日本紫珠都适合作为庭院观赏树。

●栽培要点

白棠子树是一种长势旺盛的树木，在杂木林中可以见到，适应富含腐殖质、储水性好、排水性强的土质，适宜种在日照条件好或上午有充足阳光的地方。

几乎不需要施肥。

几乎没有病虫害。

●修剪技巧

花朵开在新枝的叶腋处，会结出果实。深剪后如果长出了强健的新枝，植株就会很难结果。2~3 年生枝条上长出的新枝最容易结果。

广玉兰

月	1	2	3	4	5	6	7	8	9	10	11	12
花 期						▬	▬					
花芽形成								▬	▬			
修 剪		▬	▬				▬			▬	▬	
种 植					▬			▬	▬			

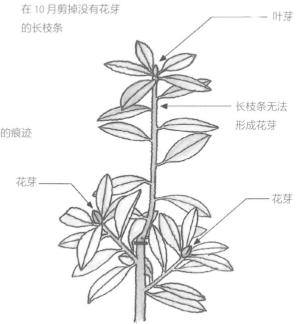

在 10 月剪掉没有花芽的长枝条

叶芽

长枝条无法形成花芽

花芽

花芽

广玉兰的学名为荷花玉兰，原产地为北美南部，植株长势旺盛，在日本东北地方南部以西的地区都能种植。

直径约 15cm 的白色花朵，呈杯状开放，散发浓郁的香味。在适应日本种植条件的花树中，广玉兰属于大花型树木。

●栽培要点

广玉兰原本是温暖地区的植物，所以在日本东京附近得种在能避开冬季寒风的地方。另外，它不怎么挑土质。

种植的适宜时期为彻底转暖的 5 月及 8—9 月。

●开花习性

花芽由当年长出的短枝的顶芽形成，次年这个位置将开出花朵。徒长枝没有花芽。

●修剪技巧

修剪在花期刚结束、花芽形成后的 10—11 月或次年春季进行，并且应当一边检查花芽一边短截。

安息香科 ●落叶阔叶中乔木●花期 5—6 月

玉铃花

月	1	2	3	4	5	6	7	8	9	10	11	12
花　期					■	■						
花芽形成							■	■				
修　剪	■	■	■								■	■
种　植		■	■									

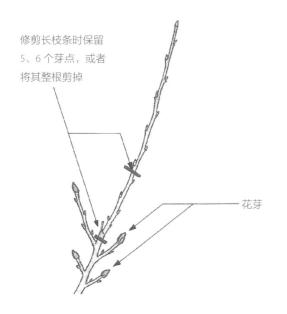

修剪长枝条时保留
5、6 个芽点，或者
将其整根剪掉

花芽

玉铃花是在日本北海道至九州（尤其是深谷里）很常见的一种树木。大大的叶片呈椭圆形，约 1cm 长的白色小花聚成穗状下垂开放，盛开时有如白云朵朵，因此它的日文名字又叫"白云木"。

●栽培要点

玉铃花长势旺盛，是一种很容易打理的树木。树冠部分需要阳光，而根部适合树荫环境。另外，种植时需要为植株创造富含腐殖质、排水性强的土壤条件，避免将其种在烈日照射的干燥土地。

种植的适宜时期为 2 月下旬至 3 月。

几乎不需要施肥。

病虫害很少，只有天牛幼虫虫害。一旦天牛幼虫出现，就立刻捕杀或用药剂驱除。

●修剪技巧

修剪的关键在于保持自然的形状。小枝不要在中间下刀，一定要整根剪掉。

小檗科 ●常绿阔叶灌木●花期 4—5 月

台湾十大功劳

月	1	2	3	4	5	6	7	8	9	10	11	12
花　期				■	■							
花芽形成							■	■				
修　剪	■	■									■	■
种　植			■	■	■				■	■	■	

剪去从地表生出
的纤细枝条

剪去老叶

台湾十大功劳原产地为我国，在日本关东以西、冲绳均有种植。植株具有直立性，羽状复叶聚集在枝梢，黄色小花在枝梢成簇开放。

●栽培要点

台湾十大功劳不挑土质，但最好使用富含腐殖质的肥沃土壤，选择日照条件好、排水性强的避风处种植。

基本无须施肥，2—3 月施一次即可。将占总量 10% 的骨粉拌入油粕后，往根部周围撒 1~2 把。

病害有白粉病。需喷洒杀菌剂进行防治。

●修剪技巧

不需要进行整形修剪。可如果任其生长，枝叶会变得杂乱。此时保留 3~5 根枝条，将其余枝条全部剪掉。叶片也只保留上面的 3、4 片。

修剪、摘叶在 11 月至次年 2 月进行。

白棠子树、广玉兰、玉铃花、台湾十大功劳

松科 ● 常绿针叶乔木

雪松

月	1	2	3	4	5	6	7	8	9	10	11	12
花　　期									▬	▬		
叶片更新					▬							
修　　剪						▬	▬			▬	▬	▬
种　　植			▬	▬	▬			▬	▬	▬	▬	

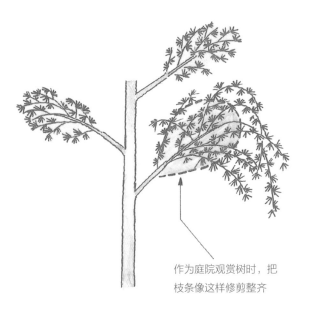

作为庭院观赏树时，把枝条像这样修剪整齐

　　雪松原产于喜马拉雅山脉至阿富汗地区，树形优美，被誉为世界三大美树之一。在日本，人们常把它种在庭院和公园里。雪松在北海道南部也能生长，但它更适合在仙台以南至九州地区种植。

● 栽培要点

　　若种在日照条件好、排水性强的地方，雪松就不怎么挑土质。需要注意的是，它不适合种在过于狭窄的地方。

　　种植的适宜时期为3月中旬至5月及8—11月。不太需要施肥。

● 修剪技巧

　　在6月下旬至7月和10月下旬至12月修剪。雪松萌芽力强，哪怕随意修剪，也能继续发芽，是一种容易打造造型的树木。枝条生长特别旺盛，但细枝容易枯萎，因此修剪时剪去一半左右的枝条，保留粗细一致的枝条。

锦葵科 ● 落叶阔叶中灌木 ● 花期8—9月

木芙蓉

月	1	2	3	4	5	6	7	8	9	10	11	12
花　　期								▬	▬			
花芽形成							▬	▬	▬			
修　　剪			▬	▬								▬
种　　植			▬	▬								

在温暖地区能长成3~4m高的大植株，但在日本关东以北的地区，地上部分会在冬季枯萎。需将植株修剪至近地表位置，以促进新枝萌发

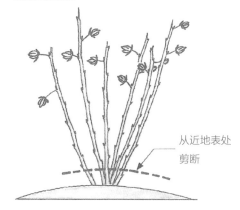

从近地表处剪断

　　木芙蓉的原产地为我国，但在日本九州至冲绳可以看到野生化的木芙蓉。它具备耐寒性，在日本关东地方也能茁壮生长，并能在少花的夏季开放，是一种很珍贵的花树。其变种（*Hibiscus mutabilis* f. *versicolor*）开重瓣花朵。与之类似的芙蓉葵为草本植物，枝条会在冬季完全枯萎。

● 栽培要点

　　选择能抵御冬季干燥寒风、日照条件好、排水性强、富含腐殖质的肥沃土地种植木芙蓉。

　　种植的适宜时期为3月至4月上旬。

　　在2月和6月施肥，将占总量30%的骨粉拌入油粕，往根部周围撒两把左右即可。

　　病虫害有白粉病和卷叶虫，需尽早防治。

● 修剪技巧

　　在日本东京以北的地区，木芙蓉的地上部分会于冬季枯萎，因此在12月采取和芙蓉葵一样的处理方式，把植株修剪至地表位置。在温暖地区，植株会逐年长大，需在2—3月进行修剪。

棣棠花

月	1	2	3	4	5	6	7	8	9	10	11	12
花　期				▬	▬	▬						
花芽形成							▬					
修　剪	▬	▬	▬								▬	▬
种　植			▬	▬							▬	▬

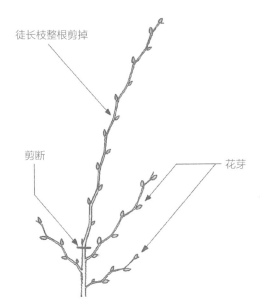

徒长枝整根剪掉

剪断

花芽

这种花树能开出美丽的五瓣黄色花朵，自生于日本北海道南部至九州的山林中。棣棠花"花海（Pleniflora）"会开出重瓣花朵。

●栽培要点

正因棣棠花自生于有 60%~70% 的日照、富含腐殖质、湿度高的水畔，它不适合生长于烈日照射的干燥土地上。比起常绿树，它更适合种在落叶树之间。

种植的适宜时期为 3 月左右或 11 月。

将树坑挖得浅而大一些，填入足量的完熟堆肥和腐叶土，保持土壤中的湿度。

施肥时要避免氮元素过量，将占总量 40% 的骨粉拌入油粕后，在 2 月下旬至 3 月向根部周围撒 1~2 把即可。

●修剪技巧

修剪的窍门在于避免对统一深剪枝条，尽量维持自然的树形。修剪时期为 11 月至次年 2 月。

毛樱桃

月	1	2	3	4	5	6	7	8	9	10	11	12
果实成熟期					▬	▬						
花芽形成								▬				
修　剪	▬	▬									▬	▬
种　植		▬	▬								▬	▬

开花

容易生出这类芽，一旦发现就尽早摘除

毛樱桃的原产地为我国，在日本被广泛种植在北海道至九州地区。5 月下旬至 6 月中旬，可以生吃的直径 1~1.3cm 的球形果实会挂满枝条。

●栽培要点

毛樱桃长势旺盛，能够在大多数地方生长，但更适合生长于日照条件好、排水性强、富含腐殖质的土地上。

种植的适宜时期为 2 月下旬至 3 月及 11 月至 12 月上旬。

在 2 月和 8 月下旬施肥，将占总量 30% 的骨粉拌入油粕后，在根部周围撒 1~2 把即可。

害虫有天牛幼虫，应常观察以尽早发现，及时捕杀或喷洒药剂驱除。

●修剪技巧

花芽在新枝的叶腋处形成。基本无须修剪。11 月至次年 2 月，剪掉树冠内部的细杂枝条及从根部发出的笋枝。

雪松、木芙蓉、棣棠花、毛樱桃

植株为什么不开花

—— 原因与对策 ——

●植株有足够多的健康叶片吗

就算没有叶片，植物也能开花，但对花芽的形成而言，大量的健康叶片是一个重要条件。春季新枝生长，叶片展开，这些叶片接收到太阳光线后，便开始进行碳同化作用，养分在植物内部积攒，花芽开始分化。但氮元素过量促成的厚实大叶片，反而会起到反作用。

●光照是否充足

即便植株有许多健康的叶片，要是没有足够的阳光，植株也制造不了充足的养分，就无法形成花芽。

如果台风或虫害使得植株在 9 月落叶，樱和楸子等树木有可能会在秋季大量开花。花芽分化后，如果叶片在落叶期之前就没了，植物的生理就会变得紊乱。叶片在促使花芽分化的同时，也起到了让花朵在适宜时期开放的重要调节作用。

●植株有能量形成花芽吗

有人会遇到这样的情况——把四照花的苗种在庭院后，植株逐渐长得很大却完全不开花。其实在园艺店和花卉市场里，可以看到种在 5~5.5 号盆里的四照花苗（高约 50cm）都结有许多花蕾。这是因为他们对植株进行了促进花芽分化的管理，与植株大小没有关系。

●幼苗与成树的淀粉含量不同

从幼苗发育成幼树时，植株内部的氮（N）含量较多，看起来水灵灵的。随着植株生长，成树的碳水化合物含量会升高，氮含量降低，开始开花结果。种在小盆里的植株能结出花蕾，是因为把幼苗的根装进小盆后，加速了植株的老化过程。氮过量时，植株长势就会旺盛起来，老树也会出现间接的回春现象，植株便无法形成花芽。

此外，进行深剪后，从粗枝切口附近生出的枝条会跟幼树的状态一样，长势过于强盛，无法形成花芽。瘦弱的细枝也没有形成花芽的能量。

●修剪方法是否正确

修剪对开花的影响非常大。采用正确的修剪方法能让植株形成许多花芽，开出美丽的花朵。反之，使用了错误的修剪方法会让植株一朵花都没有。

那么，下面来说说什么样的修剪方法才是正确的。

○修剪时期是否正确

修剪就是剪去枝条，它有一个很重要的目的，即为树木调整外形。在花芽形成期到来前，修剪可促进枝条发育得饱满，这一点非常重要。

花芽的形成需要满足各种要素，如枝叶的饱满程度、温度、日照条件、植株内部的养分条件等，通常这些条件会在 6 月中旬至 8 月中旬达到标准。不过，这也因植株习性及生长环境（是干燥的环境还是湿润的土地）而不同。

6—8 月的养护关键点，就是让春季萌芽的新枝变饱满。因此，修剪不及时是花芽无法形成的原因。

○有没有把来之不易的花芽给剪掉

许多人都为了迎接正月而打理庭院。这时如果以"树形"为侧重点来进行修剪，很容易误剪有花芽的"无辜"枝条。确定了哪些是有花芽的枝条、花芽位置后再进行修剪非常重要。

花芽的 6 种形成方式

注：尽管花芽的 6 种形成方式区别很大，但也有植株形成花芽的方式不符合其中任何一种

●方式 1 ●

以梅为例。其他的还有桃、紫荆、蜡瓣花等

花芽的形成方式
在当年生新枝的叶腋处形成花芽，次年这些位置将开出花朵

修剪方法
关键在于多制造些短枝条

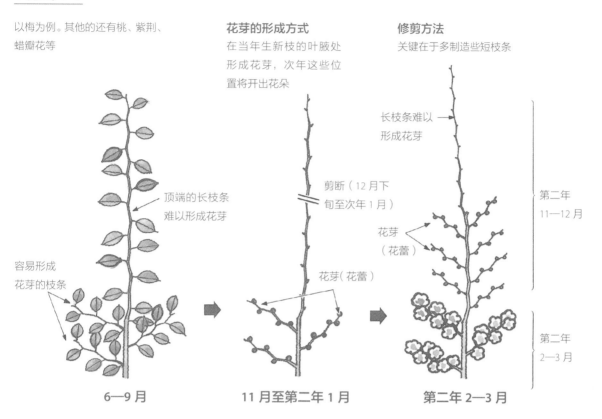

顶端的长枝条难以形成花芽

容易形成花芽的枝条

6—9 月

剪断（12 月下旬至次年 1 月）

花芽（花蕾）

11 月至第二年 1 月

长枝条难以形成花芽

第二年 11—12 月

花芽（花蕾）

第二年 2—3 月

●方式 2 ●

以杜鹃花为例。还有其他杜鹃花类植物、紫玉兰类植物（花芽长在短枝上）、山茶、茶梅等

花芽的形成方式
健康新枝的顶芽发育成花芽，于次年开花

修剪方法
枝梢会形成花芽（花蕾），一旦剪去枝梢，植株就无法开花

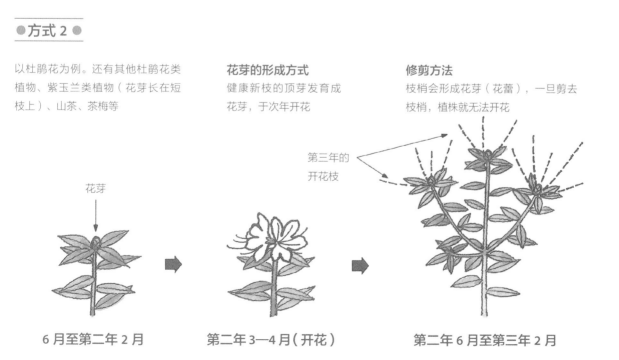

花芽

第三年的开花枝

6 月至第二年 2 月

第二年 3—4 月（开花）

第二年 6 月至第三年 2 月

●方式 3 ●

以垂丝海棠为例。其他的还有楸子、木瓜、火棘、柑橘类植物、日本野木瓜、木通等

花芽的形成方式
枝条基部粗壮短枝的顶芽或顶芽下面的芽点将发育成花芽

修剪方法
伸长的枝条、细枝等不会形成花芽

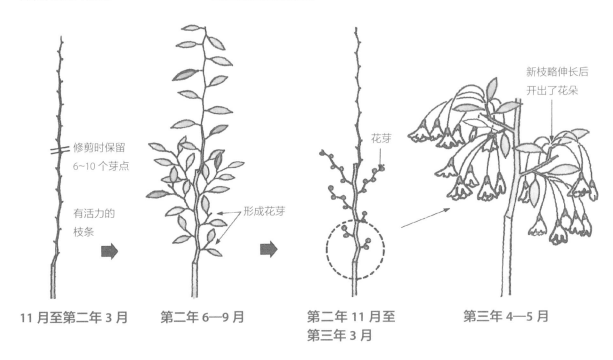

修剪时保留6~10个芽点

有活力的枝条

形成花芽

花芽

新枝略伸长后开出了花朵

11 月至第二年 3 月　　　**第二年 6—9 月**　　　**第二年 11 月至第三年 3 月**　　　**第三年 4—5 月**

●方式 4 ●

以绣球花为例。其他的还有牡丹、红花七叶树（顶芽形成花芽）等

花芽的形成方式
当年生的活力新枝，其顶部 2、3 节上的芽点将发育成花芽

修剪方法
若在花后进行修剪，会把花芽也一起剪掉

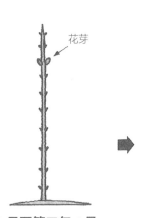

花芽

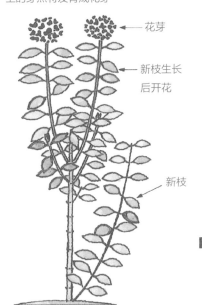

花芽

新枝生长后开花

新枝

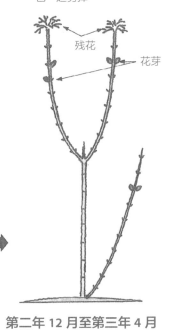

残花

花芽

12 月至第二年 4 月　　　**第二年 6—7 月**　　　**第二年 12 月至第三年 4 月**

●**方式 5**●

以柿为例。其他的还有日本栗、欧洲小花楸（短枝的顶芽形成花芽）等

花芽的形成方式
在当年长出的健康的饱满枝条上，其顶芽及两三个芽点会发育成花芽

修剪方法
一旦剪掉有活力的枝梢，花芽也会掉落

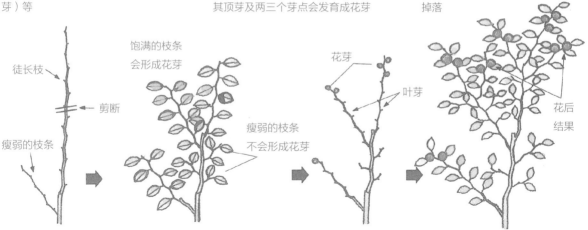

徒长枝

剪断

瘦弱的枝条

饱满的枝条会形成花芽

瘦弱的枝条不会形成花芽

花芽

叶芽

花后结果

11 月至第二年 3 月　　　　**第二年 6—9 月**　　　　**第二年 11 月至第三年 3 月**

●**方式 6**●

以日本胡枝子为例。其他的还有夏椿、木槿、凌霄、月季（四季开花型）、贯月忍冬等

花芽的形成方式
新枝伸长后，叶腋处和枝梢必定形成花芽

修剪方法
任何地方生出的枝条都能开花，因此可在晚秋至冬季进行深剪

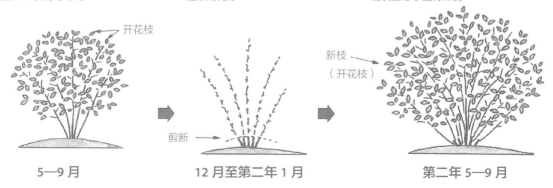

开花枝

剪断

新枝（开花枝）

5—9 月　　　　　**12 月至第二年 1 月**　　　　　**第二年 5—9 月**

例：夏椿

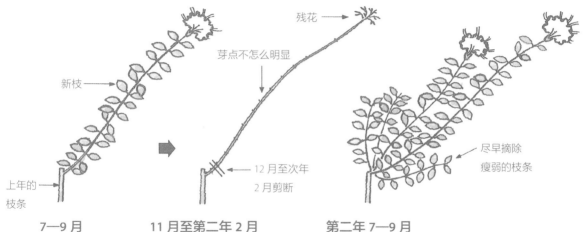

新枝

上年的枝条

芽点不怎么明显

12 月至次年2 月剪断

残花

尽早摘除瘦弱的枝条

7—9 月　　　　**11 月至第二年 2 月**　　　　**第二年 7—9 月**

植株为什么没有果实

—— 如何让植株结果 ——

人们经常遇到这样的情况：植株开了不少花，可为什么一颗果子都没有呢？

要得到果实，自然得让植株先开花。前面也提到了增加植株开花量的方法，下面来讲讲树木开花却不结果的原因及对策。

●雌雄异株和雌雄同株

只开雌花的植株，称为"雌株"，开雄花的则是"雄株"，这类植物属于"雌雄异株"。像美味猕猴桃、冬青科植物、南蛇藤、杨梅、西南卫矛等植物都是雌株才能结果。如果附近种有雄株，雌株就能结出很多果实。

雌花、雄花在同一棵植株上开花的情况，称为"雌雄同株"。

●有的品种无法凭借自己的花粉结果

即使雌雄同株，也有些植物像木通、日本野木瓜、柑橘类等一样，分为同棵植株上雌花、雄花分开开放的类型和一朵花同时拥有雄蕊和雌蕊的类型。能通过自身花粉结果的植物，称为自花授粉植物。而无法靠同一朵花的花粉结果，或要靠其他植株的花粉才能结果的植物，则是异花授粉植物。

楸子、李、苹果、梨、梅、柿、欧洲甜樱桃、桃等，改良得越好的果树，这一性质就越明显。

对于这种异花授粉的植物，如果附近没有容易产生花粉的其他品种，就要事先把容易产生花粉的其他品种的花摘下来，等它们开花后，用毛笔等工具人工授粉。

这里说的其他品种，有人可能会误会成完全不同的植物。并不是说给柿传梅花、桃花的花粉，而是指同类的其他品种的花粉。

●种的是能结果的品种吗

有许多结果实的品种，也有许多能开出美丽花朵的品种，一般来说，花朵越好看的品种，往往越不太可能结果实。在梅和桃等品种丰富的植物中，重瓣品种和大花品种都是为了赏花而改良出来的，因此就算这些植物的花开得格外鲜艳，也不会结果。

在果树品种中，很少有花朵特别好看的。

●是否施加了过量的氮肥

幼树长势旺盛，枝条生长迅速，很难形成花芽。深剪会让树木暂时回春，出现跟幼苗一样的现象。

植物学中有一个概念为碳氮比（C/N ratio），它是植物体内糖类（碳水化合物）中的碳与氮或土壤和有机肥料中碳与氮的含量比率。植物体内氮含量相对多的时候，植物处于枝叶繁茂的幼苗状态；碳含量相对多时，就代表植物到了成熟期，能开花结果了。

要让小苗开花，就得把根种进小盆里，人为地提高碳含量，短时间加速植株老化。如此培育出来的植株，若把它移栽到宽敞的庭院里，氮含量没多久就会增加，植株就会变回原本的幼树状态。

如果极力抑制氮含量，多施加些磷（P）和钾（K）呢？植物也需要均衡的营养，要是没有氮，那就花果全无了。要让植株开花结果，可以额外增加些磷和钾。

如何让单独种植的植株结出许多果实

●人工授粉的方法●

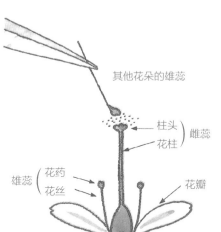

其他花朵的雄蕊

柱头
花柱 } 雌蕊

雄蕊 { 花药
花丝 }

花瓣

子房（会发育成果实）

将牛奶瓶挂在枝条上，把带花粉的其他植株的花枝插在瓶子里，这样一来，单棵树木也能结出许多果实

●雌雄同株●

木通

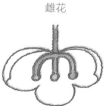

雌花   雄花

●雌雄异株●

猕猴桃

雄花   雌花

●花粉树的种植方法●

按 6~8 棵树中间种一棵的比例来种植容易形成花粉的品种。
普通家庭只种 1、2 棵树时，可以先观察一下邻居种了什么品种的树

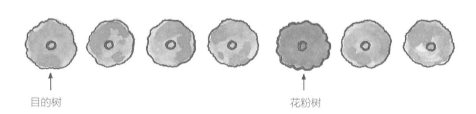

目的树   花粉树

庭院树的造型方式

—— 如何打造好看的树形 ——

在有限的面积里种更多的树木，打造更美丽的树形，让整体更加好看，可以说这是日本庭院园艺的特色。

在法国，庭院树会全部被修剪整齐，左右对称种植。英国的宽敞庭院会把自然的树林和小河包围起来。美国庭院则是法国庭院与英国庭院的折中版，自然的树木全部被修剪整齐。日本庭院的特点是树木都具有人工的"自然树形"，即对植株进行细致的打理，使树形接近自然状态。说起造型，会给人一种非常麻烦的感觉，可实际动手去做后，你会发现它并不难。只要掌握造型的时期和技巧，业余人士操作起来也完全没问题。

基本树形

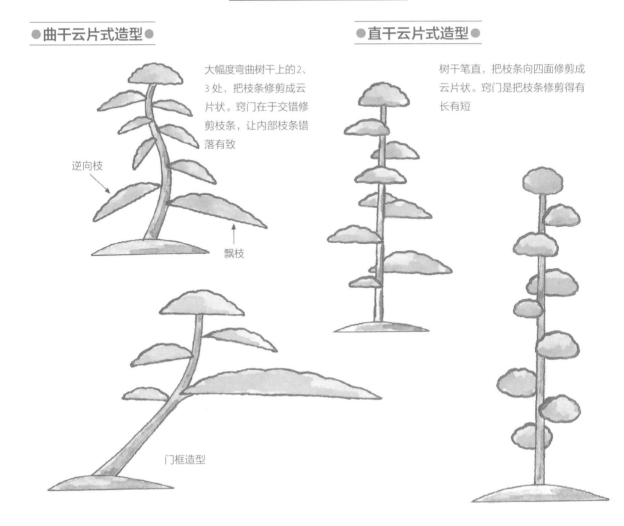

●曲干云片式造型●

大幅度弯曲树干上的2、3处，把枝条修剪成云片状。窍门在于交错修剪枝条，让内部枝条错落有致

逆向枝

飘枝

门框造型

●直干云片式造型●

树干笔直，把枝条向四面修剪成云片状。窍门是把枝条修剪得有长有短

●圆锥造型●

沿用至今的树形。窍门是，如果植株有多个顶梢或顶芽，就保
留中心的那个，尽早剪掉其余的

●球状造型●

在植株还是 2~3 年生的幼树时，就开始进行整形修剪。窍门
是给主枝摘心，培养侧枝

●圆筒造型●

每年进行 1、2 次整形修剪来调整树形

圆筒形

圆柱形

树篱的修剪技巧

——如何维持整齐的外形——

树篱就是住宅外周种植的树墙，可谓是日本的一道风景。树篱可以在明确住宅主权的同时，阻止人和动物从外部入侵，防风防火，保护房屋与家人。最好平时就将树篱修剪得整整齐齐，打理得漂漂亮亮。

●修剪技巧

要让树篱维持好看的外形，最好每年进行2、3次整形修剪，可实际上人们也就修剪1、2次。

与开花的山茶、茶梅、杜鹃花类植物不同，要使"观叶树"留住底部枝条，打造美丽的薄树篱的要点是趁枝条尚短的时候就进行整形修剪。

做整形修剪时，不要用手拔，在顶部拉一根绳，沿绳把树篱修剪整齐的同时，也要用规尺对比树篱的角——棱角分明很重要。

●在部分枯萎的地方补种

随着树龄增长，树篱下部的枝条也会枯萎。部分枝条枯萎，树篱也会变厚，会出现各种各样的问题。发生部分枝条枯萎的情况时，可以把周围的枝条牵过来填补窟窿。但如果窟窿过大，就得在里面种上小一点的同种树苗来填补。

如果整棵树木都枯了，就得仔细调查原因。有时需要更换土壤，补种上同种树苗。

为树篱进行整形修剪的要点

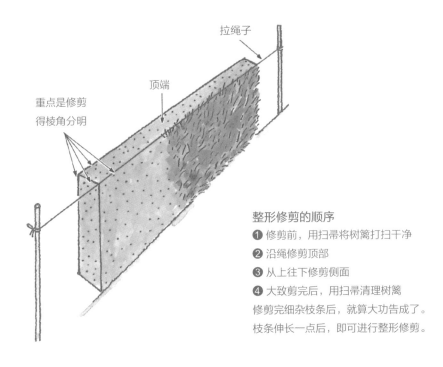

拉绳子

顶端

重点是修剪
得棱角分明

整形修剪的顺序
❶ 修剪前，用扫帚将树篱打扫干净
❷ 沿绳修剪顶部
❸ 从上往下修剪侧面
❹ 大致剪完后，用扫帚清理树篱
修剪完细杂枝条后，就算大功告成了。
枝条伸长一点后，即可进行整形修剪。

管理庭院树的基础知识

修剪所需的准备工作及工具

—— 提前备好吧 ——

● 修剪前的思想准备

说起庭院打理，这曾经是园丁的工作，现在的庭院虽然叫"庭院"，却没几座 200m²、300m² 的院子，更多的是 30m²、50m² 的小院子。这样的庭院无须专门请园丁来打理，自己当一个业余园丁，用枝剪和锯来进行打理也是一种乐趣。

那么园丁与外行人的技术差距究竟在哪儿呢？正在于他（她）对"植物的特性与生理"的熟悉程度。

了解生理就像了解"穴位"，找准"穴位"，剪起枝条来才会毫不犹豫。要学会分辨"穴位"，首先就得喜欢上植物。

另外，要打造出美丽的庭院观赏树，对美的"品位"可谓是一个关键要素。

因此最重要的是，切勿以漫不经心的心态面对庭院打理工作。

在日本，园丁都穿戴着藏青色的护腕、护膝、围裙，把梯子摆在土地松软的庭院里，拿着枝剪、锯等各种工具，多是对树木的高处进行整理。由此可见，进行园艺管理需要特别注意准备工作和姿势动作。

许多受伤情况都是因为不注意准备工作而造成的，比如穿着拖鞋爬梯子，衣摆和袖口乱糟糟的。

枝剪和锯一定要打磨好，这点很重要。虽然迟钝的枝剪伤到人的概率不大，可它不仅不能把树修得好看，还是有可能会伤及手腕、手臂的。这样反而会更费时间，结果也会更糟糕。所以充分打磨绿篱剪等，认真对待工作十分重要。

● 必备用具

要管理庭院树，得先准备好基础的工具、材料、肥料、农药等。打理庭院时会经常用到枝剪、

锯、镰刀等刀具，不少人会因为使用了替代品而受伤。比如乱用空箱代替梯子，结果摔倒了。

普通家庭管理庭院树时，需要准备的用具如下。

木剪 一种园艺剪，修剪细杂枝条时不可或缺的工具。用顺手后，还能修剪粗枝。

枝剪 可以用来剪木剪剪不动的枝条。

绿篱剪 为树篱、球状造型的树木进行整形修剪时，不适合使用木剪和枝剪，用这种剪刀更为方便。

折叠锯 对普通家庭来说，一把锯齿部分长30cm 的锯够用了。

移栽铲 适合种植和移栽小型植株时使用。哪怕稍微贵一点，也请选择不锈钢材质的。

铁锹 挖大树坑、移栽时不可或缺的工具。

耙子 金属材质，有 10~12 根短齿，用来平整土地非常方便。

锄头 如果家里有院子，那么你必须准备一把。

镰刀 用来除杂草、笋枝，非常方便。

梯子 园丁用的是细圆棍组成的三脚梯，不过市面上出售的梯子就可以。

喷雾器 形状、大小多样。但在 60~100m² 的庭院里，只要不种特别大的树木，5~10L 的喷雾器完全够用。材质选择耐用的不锈钢或轻便的塑料都可以。

水壶 水管并非适用于全部地方，有些地方需要水壶出马。

盆栽需要用水壶轻柔地浇水。准备不锈钢材质的或大一点的铜质水壶即可。

麻绳、铁丝 可用于牵引或捆绑枝条等。

杉树皮 捆绑支柱时，垫一点杉树皮会比较好。

小刀　嫁接、扦插时必不可缺的工具，还可以用来修整切口、削去植株患病处。

　　肥料　尽管不用准备大量的干燥鸡粪、油粕、骨粉、颗粒状化成复合肥料等，可还是得分别准备 5~10kg，方便随时使用。

　　农药　杀菌剂、杀虫剂种类繁多，不同的生产商的商品名字也不同，但药效其实是差不多的。准备 2、3 种杀菌剂、杀虫剂，再备好附着剂、稀释量杯、塑料桶等即可。

　　除了上述物品，其实还有许多园艺用具，但这些对一个家庭而言，基本够用了。此外，保存农药时，一定要避免发生意外。

各种用具

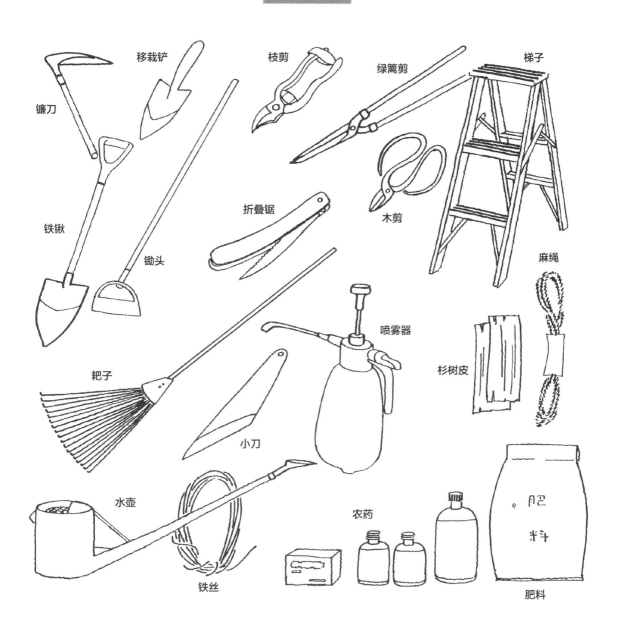

修剪方法

—— 应该剪什么样的枝条 ——

●修剪的目的

"修剪"的目的是打造美丽的树形、让植株开出好看的花朵、结出更多的果实、增强对疾病与害虫的抵抗力。并且，在庭院有限的空间里，要让众多树木活得长久，疏枝、短截必不可少。

另外，让植株大小与周围环境相协调、树形维持在一定高度也很重要。

植株也会长出不少多余的枝条，如树干中间等位置冒出许多芽，生出枝条。如果放任不管，这些枝条就会夺走养分，妨碍植株正常发育。整理这些枝条、加强日照和通风，有助于正常枝条的生长。

细枝密集起来后，植株会渐渐生不出健康有活力的枝条。这时对枝条进行短截，便能长出健康的枝条，有利于早日打造出理想中的树形。

修剪还有许多其他目的，如打造美丽的枝条、令人喜爱的树形、维持植株生长平衡、防止老化并令树木回春等。

●修剪的基本对象

进行修剪时，首先要观察树木的整体外形，摘去枯枝、病枝、有明显伤痕的枝条；扰乱树形的枝条和妨碍正常发育的枝条均属于多余枝条，也得剪掉。

多余枝条如下所示。

干生枝、笋枝 从主干上生出的小枝叫作干生枝，从地表冒出的枝条叫作笋枝。如果放任不管，它们就会过度吸收养分，影响上方枝条的生长。

内向枝 向树冠内部生长的枝条。这类枝条无法开花结果，而且是枝叶杂乱的因素之一。如果放任不管，过 2~3 年内向枝会自然枯萎，但为了改善日照与通风条件，应当尽早将其剪掉。

徒长枝 从树干或树枝上生出的枝条，长势强盛。如果放任不管，养分就会被这些枝条抢走，致使重要的枝条枯萎，并扰乱树形。

逆向枝 与枝条原本的生长方向相反的枝条，影响美观。

交叉枝 指与主枝、希望保留的枝条交叉在一起的枝条，影响美观。

车轮枝、平行枝 在枝干同一位置呈轮状生出的枝条即为车轮枝。与主枝、侧枝平行生长的枝条是平行枝。它们是枝条杂乱的因素，影响美观。

内芽与外芽 树木的芽一般长在节的位置上。成对长在同一节左右两侧的芽叫作对生芽，交互生长在节左右两侧的芽叫作互生芽。而在这些芽中，朝主干方向生长的叫作内芽，朝外侧生长的叫作外芽。

一般来说，内芽会向树冠内部长出枝条，它们会导致日照、通风变差。枝条向外侧生长时，日照、通风会变好，整理树形时也利于美观。进行修剪时，为了尽可能地促进外芽生长，通常会在外芽上方下刀。

●好的修剪方法

枝梢的修剪方法 修剪枝梢时，使用锋利的木剪或枝剪。如果用剪鲜花的厚刀片剪刀或不够锋利的剪刀，会导致切口溃烂，使枝条枯萎。

修剪的位置要挨着需要保留的芽，在其上方呈 45° 角下刀。为避免剪到芽尖，在芽上方留一小截枝条。如果剪得太深，新长出的枝条容易断。反之，如果剪得太浅，芽上方留长的部分会生出不定芽，有时保留的芽还会枯萎。

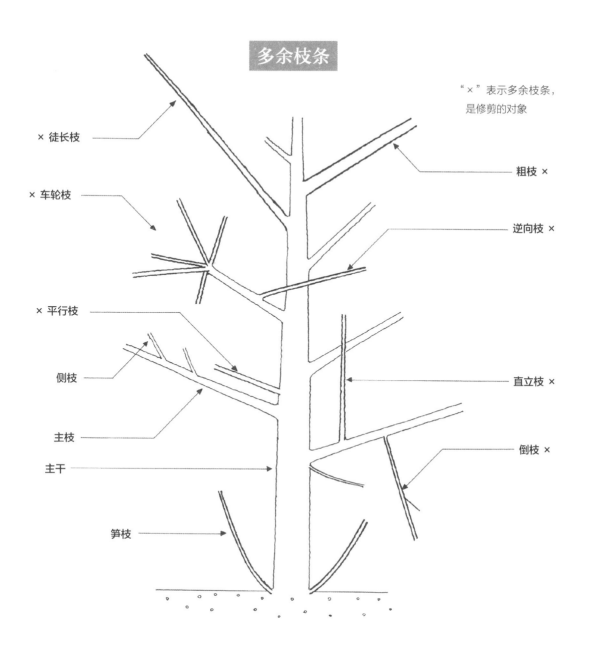

多余枝条

"×" 表示多余枝条，
是修剪的对象

× 徒长枝

粗枝 ×

× 车轮枝

逆向枝 ×

× 平行枝

侧枝

直立枝 ×

主枝

主干

倒枝 ×

笋枝

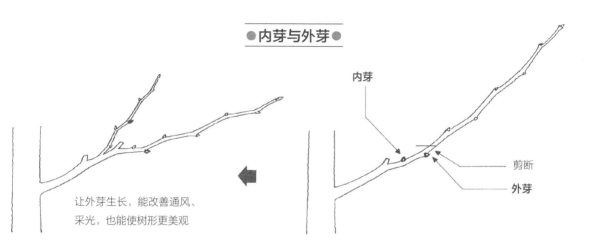

●内芽与外芽●

内芽

剪断

外芽

让外芽生长，能改善通风、
采光，也能使树形更美观

细枝、粗枝的修剪方法 修剪细枝时，一定要整根剪掉。

修剪中等粗细的枝条时，得用枝剪分两次来剪。最先修剪时保留一点枝条根部，接着再整根剪掉。最后，用锋利的小刀将切口削整齐。

修剪粗枝时，用木剪和枝剪剪不动，需使用锯。普通家庭用折叠锯就可以。

用锯修剪时，如果从上面下锯并一口气把枝条切割下来，落枝的重量会使枝条下部裂开，甚至伤及树干。因此得分 2、3 次来切割。

首先，把枝条下侧切割到一半深；然后，把上侧切割到一半深（两个切口相距约 15cm），这样一来，枝条会因自身的重量而自然掉落；最后，仔细修剪枝条剩余的部分。

常绿树、垂枝品种的修剪方法 每种植物都有自己与生俱来的性质。既有梅、柿这样，即使在枝条中间下刀，也能积极萌芽的植物，也有山茶、桂花这类，如果枝条没有叶片，就难以萌芽的植物。就常绿树、针叶树而言，没有叶片的枝条一般萌芽量不多。修剪这些树时，一定要保留有叶片的枝条。

垂枝品种指的是枝条向下生长的品种。前面

●细枝的修剪方法●

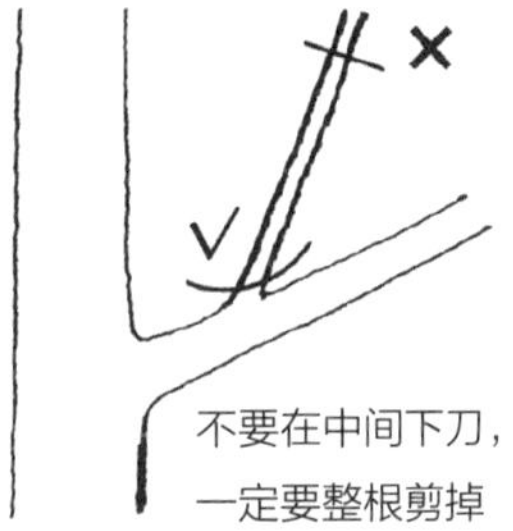

不要在中间下刀，
一定要整根剪掉

●枝梢的修剪方法●

∨ 这样即可

太深了

×

太浅了

保留芽时，在芽上方
倾斜下刀

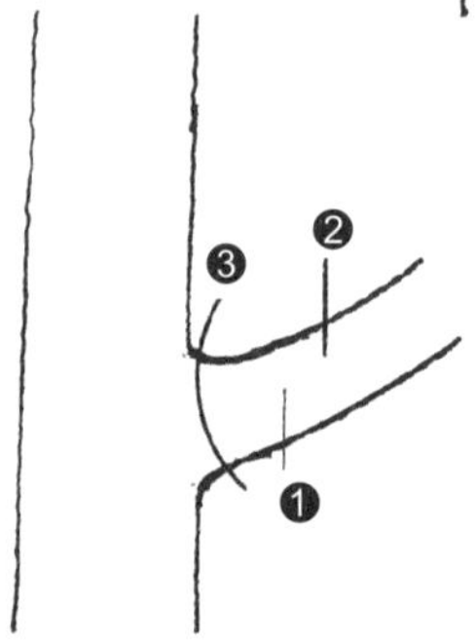

●中等粗细枝条的修剪方法●

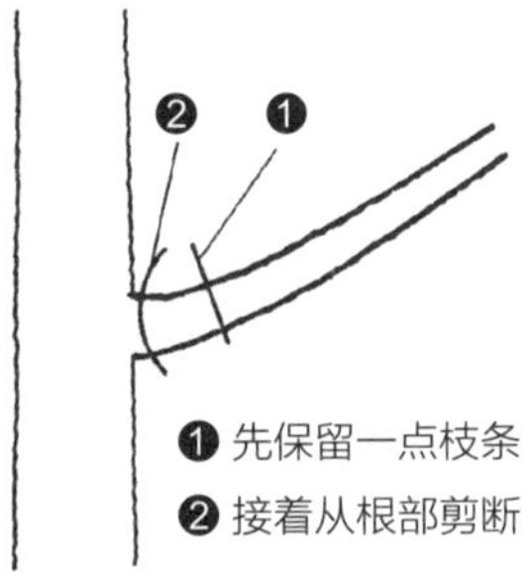

❶ 先保留一点枝条
❷ 接着从根部剪断

●粗枝的修剪方式●

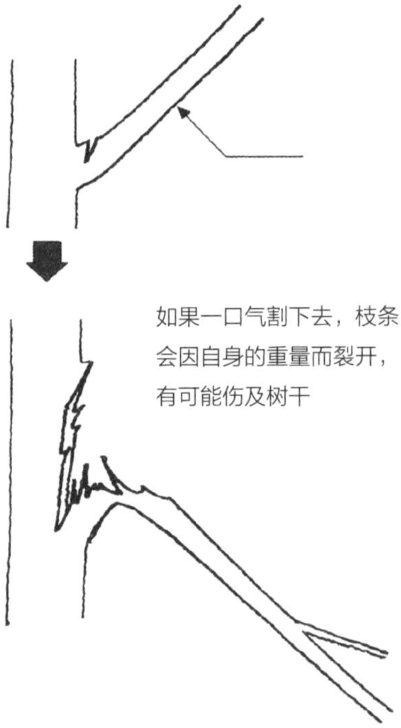

如果一口气割下去，枝条
会因自身的重量而裂开，
有可能伤及树干

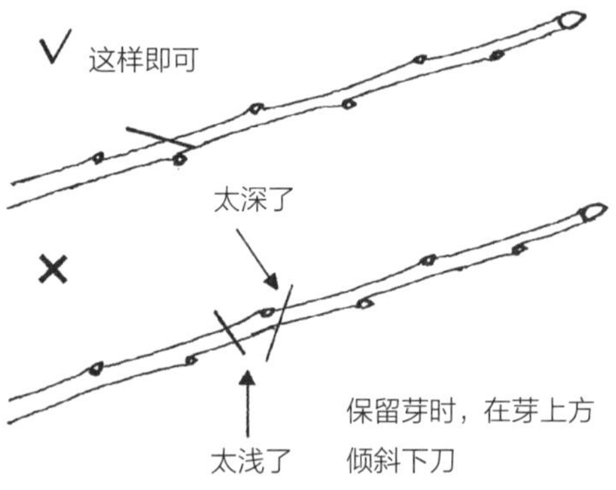

粗枝不要一口气割断，按
照 ❶~❸ 的顺序来切割，
避免伤及树干

讲过了内芽和外芽。相比枝条向上生长的情况，枝条下垂时，内芽和外芽就反过来了。不过，从与主干的方向关系来看，倒没什么差别。因此，下垂枝条的修剪方法与向上生长的枝条一样，修剪时保留外芽。如果保留内芽，就难以打造圆润饱满的树形。培育外芽，让树形变得像撑开的伞一样，这样植株更为好看。

促使植株长出健康枝条的修剪方法 如果对枝条放任不管，枝梢会长出密集的细枝。这样的枝条开花量、结果量会变少，因此得促使植株长出健康的枝条。

这种情况下对枝条进行短截即可，将粗枝剪到树干附近，就能长出有活力的新枝。一般来说，浅剪时，新枝会变短；深剪时，新枝会变长，并且发育成健壮的枝条。

切口的处理 修剪粗枝后，如果放任不管，细菌就会从切口入侵，使枝条腐烂、枯萎。特别是用锯修剪时，切口会变得十分粗糙，难以愈合。用锋利的小刀把切口削整齐后，再涂上保护剂（用甲基硫菌灵等市面上容易买到的药剂即可）。如果手头没有保护剂，也可以暂时先涂上油漆或煤焦油。涂墨汁也比什么都不涂要好。

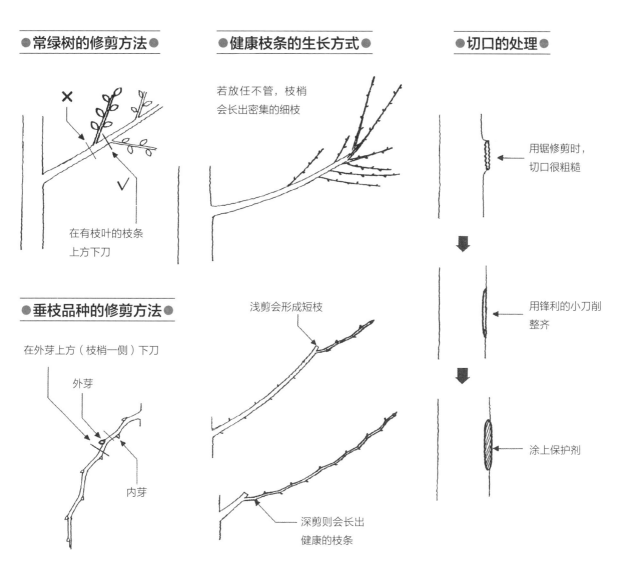

●常绿树的修剪方法●

在有枝叶的枝条上方下刀

●垂枝品种的修剪方法●

在外芽上方（枝梢一侧）下刀

外芽

内芽

●健康枝条的生长方式●

若放任不管，枝梢会长出密集的细枝

浅剪会形成短枝

深剪则会长出健康的枝条

●切口的处理●

用锯修剪时，切口很粗糙

用锋利的小刀削整齐

涂上保护剂

种植与移栽

—— 在适宜的时期种在合适的地点 ——

— 种植 —

种植时首先要注意的，是选择适合环境的树木。

关于种植环境，有日照、排水差的地方，有特别干燥的庭院，有午后日照强烈、北风直吹的地方，还有大气污染严重的庭院等。

挑选树木时，考虑这些条件非常重要。

●适合庭院树的土壤

在楼房越来越多的今天，庭院种植使用的土壤多种多样。比如原来庭院里的土壤、田地里的土壤、用来填河的土壤等。

适合庭院树的土壤，得包含充足的水分和空气，同时具备良好的排水性。下面来列举一些这类土壤的性质。

① 刚下完雨也不会积水。

② 表土干燥泛白时，即使浇水，也没有水珠附在上面，水会迅速被吸收。

③ 就算连续多日放晴，表土也不会出现裂痕。

④ 黏土成分少。

如果庭院土壤土质恶劣、排水性差，就在里面加入蛭石、珍珠岩、完熟堆肥、腐叶土、泥炭藓等。

●种植的时期

庭院树种植的适宜时期为落叶后的休眠期，可每种植物都有自己的特性，树种不同，适宜的种植时期也不同。在适宜的时期进行种植，树木容易成活，也能顺利生长。

针叶树的种植时期 针叶树大多具有很强的耐寒性、耐热性，属于特别好养的树种。在寒冷地区和温暖地区的种植时期不同，但一般的适宜时期为2月中旬至4月上旬、9月中旬至11月中旬。

暖地型的日本扁柏、日本花柏、雪松等，适合在气温升高后的4月上旬种植。

常绿阔叶树的种植时期 许多树木的耐寒性较差，应尽量避免在寒冷时期种植。适宜时期为新枝成型的时候，即6月中旬至10月上旬（不包括盛夏期间）。

落叶树的种植时期 落叶期间最为理想。适宜时期为萌芽前的（2月下旬至4月上旬）和11月中旬至12月中旬。在寒冷地区应于春季种植。

●种植方法

种植方法分为水植法和土植法两种。不管使用哪种方法，都要尽量把树坑挖大些，保证能充分容纳根系。

土植法 把树木种进树坑后，将土壤填至树坑的 1/3~1/2，用细棍把土壤捣实，令土壤进入根须之间。接着把土壤填埋至植株基部，把周围踩实，再充分浇水，让土更加密实。

水植法 把树木种进树坑后，将土壤填至树坑的 1/3~1/2，接着注入足量的水，让土壤与根系密切接触。待水分被吸收后，再把土壤填埋至植株基部，把周围踩实，然后给予足量的水。把树坑周围的土壤稍微堆高点，做一个水钵。

— 移栽 —

移栽是指把生长着的树木转移到别的地方。严格来说，种植也算移栽，毕竟是对种在其他地方的植物进行了转移。不过我们种植的是专门贩卖的树木，而移栽是把常年种植的树木挖出来，再种到别的地方去。

●整根与挖掘

移栽时首先要进行整根，制造大量细根，让

移栽更加轻松。

如果是根系特别发达的幼树，在移栽前的3~6个月时，就得把铁锹深深插进根部周围土壤，以切断侧根。3~6个月后会长出细根，这时便可以将植株挖出来进行移栽了。

难以移栽的树木和常年种植的树木，根系又长又粗，得在移栽前的6个月至1年时进行整根。移栽的适宜时期为春季萌芽前或8—9月。

以植株基部为中心挖一圈土沟，圆圈半径为树干直径的5~6倍，让侧根露出来，剪掉细根。四面各保留一根粗根，其余的割掉。对剩余的根进行环状剥皮，剥皮宽度为10~15cm。树坑要回填，如果土质糟糕，就在里面填入拌有泥炭藓和堆肥的土壤。

把植株挖出来时，要让根球的直径是树干直径的5~6倍。若是大棵树木，则直接用铁锹把根球尽量挖大些，再进行移栽。

●种植方法●

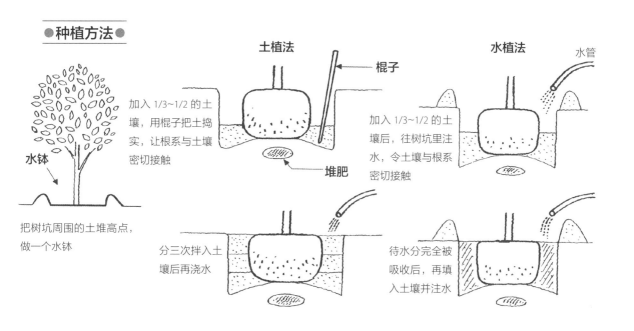

把树坑周围的土堆高点，做一个水钵

土植法
加入 1/3~1/2 的土壤，用棍子把土捣实，让根系与土壤密切接触

分三次拌入土壤后再浇水

水植法
加入 1/3~1/2 的土壤后，往树坑里注水，令土壤与根系密切接触

待水分完全被吸收后，再填入土壤并注水

●整 根●

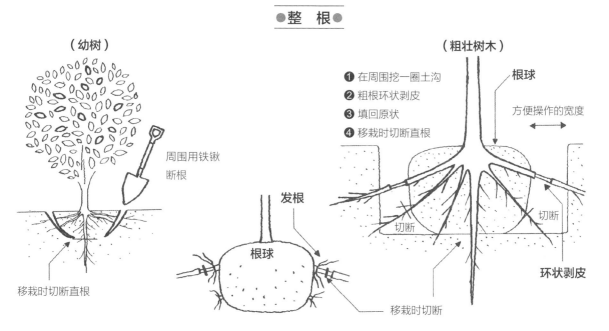

（幼树）
周围用铁锹断根

移栽时切断直根

发根
根球
移栽时切断

（粗壮树木）
❶ 在周围挖一圈土沟
❷ 粗根环状剥皮
❸ 填回原状
❹ 移栽时切断直根

根球
方便操作的宽度
切断
切断
环状剥皮

缠树干与立支柱

—— 保护植株也很重要 ——

— 缠树干 —

●缠树干的目的

对庭院树进行种植或移栽时，会进行短截、整根，让植株更容易成活，而"缠树干"也是促进植株成活的一项重要工作。

灌木丛和球形树木不需要缠树干，而树干直立的树木，尤其是中乔木、乔木则一定要缠树干。此前被大量叶片覆盖的树干，枝叶都被剪掉了，在烈日的照射下将进入"易晒伤"状态，植株可能会出现萎蔫现象，严重时还会枯死。特别是大花四照花、樱花、紫薇、夏椿、日本紫茎、杂木类等落叶树必须缠好树干。

●缠树干的方法

通常是给树干围上稻草，再用稻草绳或麻绳捆好，最近在日本经常用到的是形状似麻袋、宽15~20cm的带状"树干卷"。

不管用哪种物品，都一直维持到缠绕物自然掉落为止。

缠树干

●缠树干的 3 种方法●

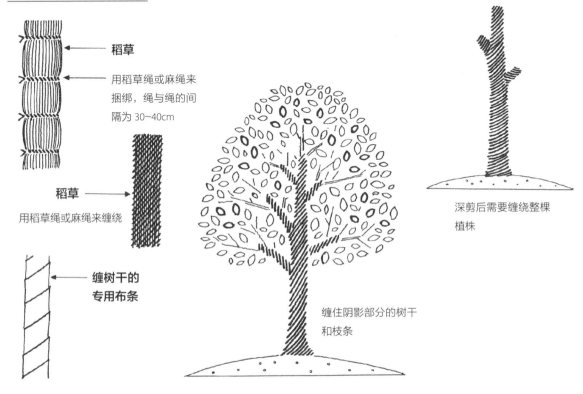

稻草

用稻草绳或麻绳来捆绑，绳与绳的间隔为 30~40cm

稻草

用稻草绳或麻绳来缠绕

缠树干的专用布条

缠住阴影部分的树干和枝条

深剪后需要缠绕整棵植株

― 立支柱 ―

●立支柱的目的

"支柱"是为防止树木倒下而提供支撑的工具。

立支柱的目的是防止树木被风吹倒，提高树木种植后的存活率等。

此外，在斜干造型的树木中，有的树木重心向单侧偏移，枝梢像紫藤一样下垂，这样的树木也需要支柱。

●支柱的种类与材料

支柱通常选用圆杉木或圆竹棍，可以立成三角形支柱、门字形支柱、T字形支柱等，根据树的大小及间距来选择支柱种类。

另外，有时会只给苗木插一根细棍。不管怎样，给庭院树立支柱，最重要的是不影响美观。

支柱不要太显眼，使之尽可能小。

梅和曲干造型的松树等植物，在树干的低处就有弯儿。为低处立支柱时要使用短圆木，焚烧圆木表面令其碳化，且关键是要避免不自然。

为中乔木立三角形支柱，选用长度为中乔木株高 0.7~0.8 倍的圆木。一定要捆绑两处以上，在树干、枝条与支柱的接触位置垫上杉树皮进行保护。

单侧倾斜的大树冠树木、长枝像飘枝一样突出的树木采用 T 字形支柱，需用到 1、2 根圆木。这种支柱还能为庭院增添美感，在这种意义上，立支柱也是装扮庭院的一项重要工作。

大树或枝条四向扩散的树木，可采用门字形、T 字形支柱。

此外，如果不再需要支柱，请尽早去除。

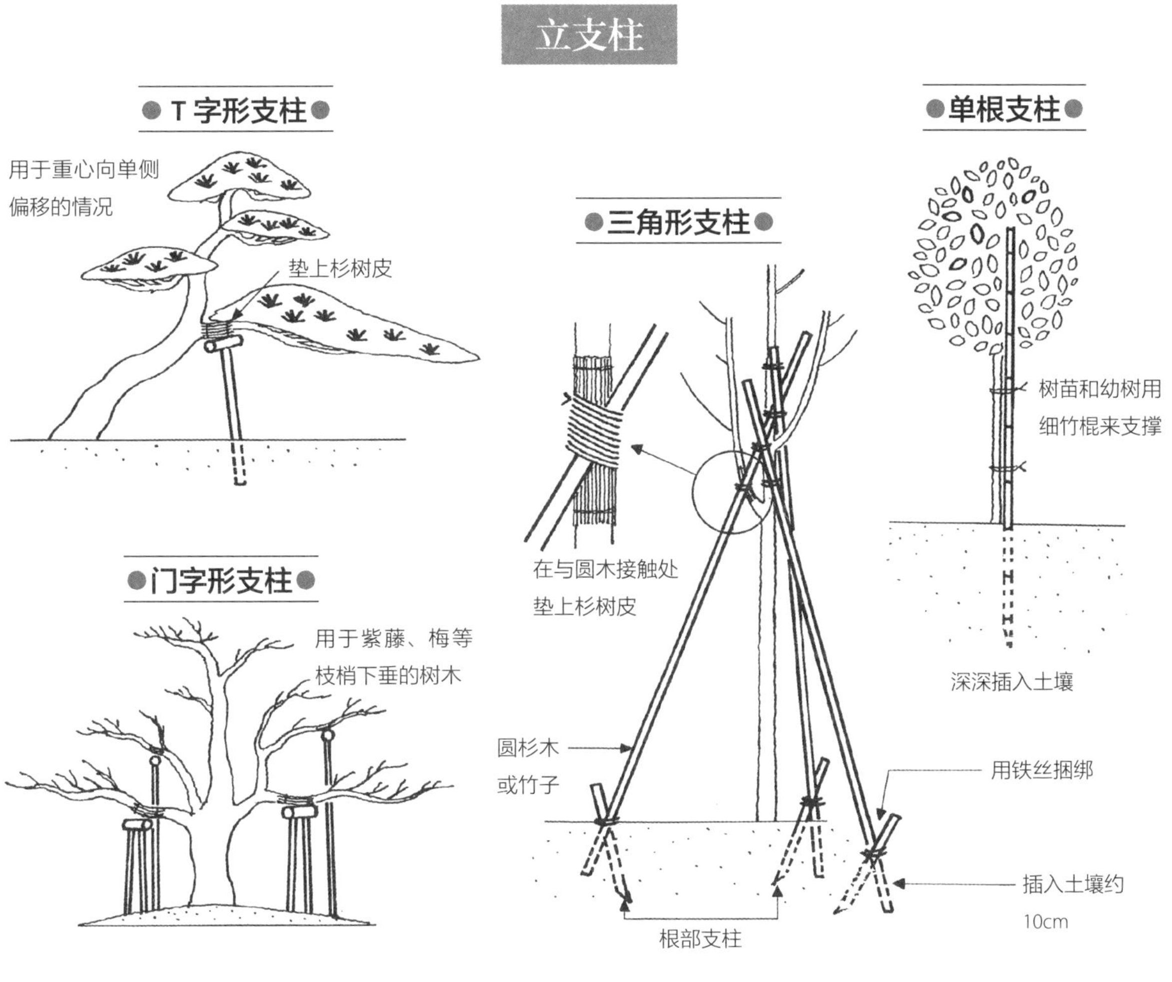

立支柱

●T 字形支柱●

用于重心向单侧偏移的情况

垫上杉树皮

●三角形支柱●

在与圆木接触处垫上杉树皮

圆杉木或竹子

根部支柱

用铁丝捆绑

插入土壤约 10cm

●门字形支柱●

用于紫藤、梅等枝梢下垂的树木

●单根支柱●

树苗和幼树用细竹棍来支撑

深深插入土壤

施肥方法

—— 选择符合目的需求的肥料 ——

●肥料的作用

植物体内大部分都是水分，但如果从化学角度来分析，植物其实是由 16 种元素构成的。在这 16 种元素中，氧（O）、碳（C）、氢（H）3 种元素大约占了 75%，剩余的 25% 为氮、磷、钾、钙、镁、硫、铁、锰等 13 种元素。氧、碳、氢这 3 种元素能够从空气、水中获得，其余 13 种元素通过根系来吸收。其中，植物需要较多的元素是氮（N）、磷（P）、钾（K）3 种元素，因此它们被称为肥料的"三要素"。

即使完全不施肥，植物也能生长到一定程度。因为它以空气中的二氧化碳为原料，在太阳的照射下，通过绿叶的光合作用制造碳水化合物来维持营养。健康生长所需的三要素和其他元素彼此合作，也能促进植物生长。

俗语有云，"吃多了百害无一利""吃饭八分饱"。施肥过量也会对植物造成巨大的影响，如使植物变得娇弱，对疾病、害虫的抵抗力有所下降等。

综上所述，在适宜的时期适量施肥非常重要。

●肥料的三要素

肥料的三要素对植物而言不可或缺，且植物对氮的需求量比磷、钾多。但如果施肥过量，植物不仅无法形成花芽，枝叶也会变大，绿色变得十分浓郁。虽然乍看之下似乎挺茂盛的，但实际上植株却弱不禁风，对病虫害的抵抗力也变差了。

氮是叶片、枝条生长发育不可缺少的成分，因此我们称它为"叶肥"。磷能使花色更美丽，可改善果实的色与味，故得名"花肥、果肥"。钾可以促进根系生长，让根系具备对寒冷与炎热的抵抗力，所以被叫作"根肥"。

●肥料的种类与特征

肥料有油粕、骨粉这样的有机肥料，还有以硫酸铵这类化学物质制成的无机的化成复合肥料。

有机肥料含有多种成分，具有迟效性、危险性低的特点，多用作基肥和寒肥。

无机肥料的三要素含量高，具有速效性，用起来简单，但如果施用过量，将会对植物造成伤害。由于是速效性肥料，比较适合做追肥。

●施肥的方法●

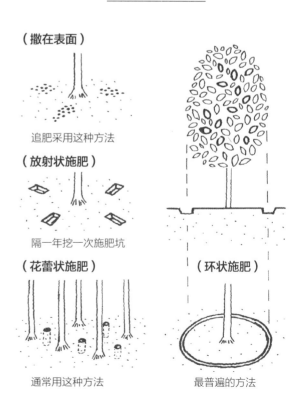

（撒在表面）

追肥采用这种方法

（放射状施肥）

隔一年挖一次施肥坑

（花蕾状施肥）

通常用这种方法

（环状施肥）

最普遍的方法

病虫害的防治

—— 平时多注意 ——

●早期预防很关键

观赏庭院树和盆栽时，鲜花绽放、初次收获果实的喜悦之情会让人忘记先前的辛劳，但这却全归功于日积月累的管理工作。为了欣赏美丽的花果，要把差不多得几个月的时间花在与病虫害、杂草的斗智斗勇上。这么说恐怕一点儿不夸张，因为有的植物会出现许多病虫害，有的会遭受鸟兽啃食。

几乎所有人都认为，如果不用经常除草、防治病虫害，园艺的乐趣或许会成倍增加。

其实，只要在病虫害大量出现前做好早期预防工作，园艺管理并不麻烦。

●庭院树的疾病

庭院树的疾病种类很多，按照患病的部位就可分为许多种，如在新枝上的、叶片上的、枝条和茎上的、地表附近的、根部的、花果上的疾病。单看初夏常见的白粉病，也并不是单纯的一种疾病，不同的树种有不同的白粉病。

当肥培管理不当导致植株生长不良，高温多雨使得环境条件恶化时，就会出现病原菌。病原菌在空气中飞散，一直等待着致病的机会。因此，选择未染病的植株、抗病性强的品种也非常重要。

●庭院树的害虫

害虫也跟疾病一样，会出现在从花蕾到根部的各种部位上，并且根系和树干内部的害虫很难被发现。出现在花朵、叶片、树干、枝条上的害虫，只要每天仔细观察，就很容易在早期把它们驱除。

●药剂的喷洒时期

每年都有防治病虫害的新药品上市，几乎所有的疾病和害虫都能通过适当喷药来预防。疾病和害虫也不是一整年都"伺机出现"，虽然持续时间有长有短，但出现的时期基本是固定的，所以提前一个月就得多留心。

●药剂的喷洒次数

常有人说喷了治蚜虫的药，冬季喷了治介壳虫的机油乳剂，可就是无法成功驱虫。毛虫等害虫基本上喷一次就能驱除，但蚜虫、叶螨（红蜘蛛）、蓟马、介壳虫等小而密集的害虫，出现时间长，不可能一次性彻底驱除。必须每隔15~20天喷洒一次药剂，一共喷3次左右才行。

本书总结了常见疾病与害虫的防治方法，请参考下一页的表格。

●喷洒药剂时的注意事项

选在无风的晴天的上午喷洒药剂。

有的药剂毒性强，使用时一定要戴好橡胶手套和口罩。另外，如果附近有鸟笼或池塘，为避免它们沾上药剂，需事先用塑料膜把它们罩住。

喷雾口朝上，从下往上喷洒，为保证每一处都喷到了药剂，一定要喷遍每个角落。

气溶胶式的药剂，需在距离树木40cm以上的位置喷洒。

病虫害的防治方法

出现部位	病虫害名称	症状	主要的出现时期	防治方法
叶片、枝条	斑点性疾病	叶片、枝条上长出各种大小的黑斑、褐斑、黑点状的斑点。很多植物都会出现	全年	喷洒代森锰 500 倍稀释液、苯菌灵等，冬季喷洒石灰硫黄合剂
叶片、枝条	白粉病	叶片上仿佛被撒了一层白粉。很多植物都会出现	4—7 月	喷洒苯菌灵 2000 倍稀释液、乙酰甲胺磷、嗪胺灵 1000 倍稀释液。冬季喷洒石灰硫黄合剂
叶片	锈病	叶片上像被撒了一层褐色的粉末。杜鹃花类、月季、松柏类等植物会出现	5—8 月	喷洒代森锰 500 倍稀释液、代森锰锌 500 倍稀释液、嗪胺灵 1000 倍稀释液，冬季喷洒石灰硫黄合剂
叶片、枝条	煤污病	叶片、枝条、树干出现黑色的脏污。由蚜虫、介壳虫的分泌物引起。许多庭院树、花树上都会出现	全年	驱除蚜虫、介壳虫
叶片	叶肿病缩叶病	山茶、茶梅、杜鹃花、皋月杜鹃、桃等植物会出现	4—6 月	喷洒波尔多液 500 倍稀释液，冬季喷洒石灰硫黄合剂
花朵	灰霉病	在草花的茎叶上很常见，在花树上则多出现在花蕾和花朵上	4—9 月	喷洒苯菌灵 2000 倍稀释液、异菌脲 1000 倍稀释液
花朵	花腐病	花朵上出现浅褐色的斑点，还会变色。山茶、牡丹、杜鹃花等植物会出现	开花期	在开花前喷洒代森锰锌或代森锰 500 倍稀释液、百菌清 700 倍稀释液、苯菌灵 2000 倍稀释液
根系	白绢病	白丝状的菌丝附着在根系上。牡丹尤其容易患这种病	4—10 月	灌注充足的苯菌灵 2000 倍稀释液。选择未受疾病侵害的苗
根系	根癌病	根系各个部位长出瘤，植株生长状况恶化。多出现在皱皮木瓜、垂丝海棠、苹果、梨等的植株上	4—9 月	把瘤切干净并烧毁。于 10—12 月的低温期进行移栽。购买没有患病的树苗
叶片、枝条	蚜虫	种类繁多，几乎所有树木都可能有。大量出现时，植株的生长状况会变差	3—11 月	在土壤里施加杀螟松 1000 倍稀释液、乙酰甲胺磷、乙拌磷
叶片、枝条、树干	介壳虫	种类繁多，几乎所有树木都可能有。与煤污病同时出现	全年	在 5—7 月幼虫出现的时期，喷洒杀扑磷 800~1000 倍稀释液。冬季喷洒机油乳剂 20~30 倍稀释液
叶片	叶螨	会出现在许多树木上，在夏季的干燥期特别常见。叶片会变得脏兮兮的	4—11 月	喷洒杀螟松 1000 倍稀释液、三氯杀螨醇 1500 倍稀释液、苯丁锡 1000 倍稀释液
叶片	毛虫类	主要啃食叶片，也会啃食幼嫩的枝条。会出现在山茶、茶梅、樱花等多种树木上	4—9 月	喷洒杀螟松 1000 倍稀释液
叶片	卷叶虫食心虫	会啃食新枝的柔嫩叶片。会出现在山茶、茶梅、杜鹃花类植物等多种树木上	4—9 月	喷洒杀螟松 1000 倍稀释液
树干	天牛幼虫	会钻进地表附近的树干里啃食其内部。严重时树干会枯萎、容易折断。在许多树木上都会出现	5—8 月	捕杀成虫。把铁丝插进洞穴杀虫，或在洞里滴 2、3 滴杀虫剂，用土壤堵住洞口
根系	金龟子幼虫	会啃食根系，减弱植株长势。会出现在杜鹃花类、皱皮木瓜等多种树木上	4—9 月	把二嗪农粉剂拌入土壤
叶片、枝条、花朵	蛞蝓	具有夜行性，会啃食叶片、枝条、花朵，给许多植物造成伤害	5—10 月	于夜晚捕杀，或者用四聚乙醛颗粒剂进行诱杀